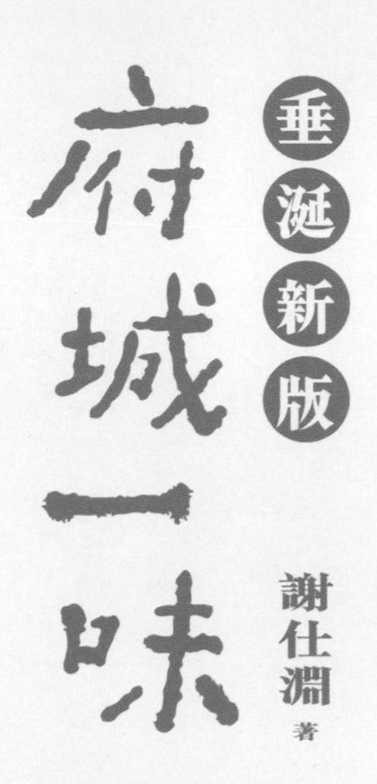

謝仕淵 著

時間煮字，情感入味，
一起來臺南吃飯

目次

參 日常・味道 148

肆 自己・生活 216

一味的心境——《府城一味》垂涎新版序

許多人都熟知臺南的牛肉湯、虱目魚粥、米糕、鱔魚意麵、碗粿、菜粽等小吃，店家林立樣樣美味。另外，如香腸熟肉、飯桌，甚或其他地方也很普遍的海鮮攤等，也都有可觀者。

本書收錄的臺南美食，約有九成位處以民生綠園為中心、方圓兩公里內的範圍，這個範圍過去也被稱為城內。臺南美食密度之高，相當令人吃驚，只要憑著雙腳，就能來去自如地從這間店迅速走到那間店。

對於這些姿態各顯的美食，我最初的觀察都集中在店家如何專精於極細微的技藝，如同康樂街牛肉湯對於那鍋牛肉高湯精益求精的堅持，或者榮興水果店因著時節而不斷調整芒果冰內的芒果品種，還有像是豆花邱，堅持凝固豆花用的食用石膏，必須手製現烤。不過，有些觀察不是那麼容易體會，如同欣欣餐廳的阿塗師，猛火中三兩下完成的南煎肝，宛如炫技，但這道菜卻有著阿塗師一生對於臺菜傳承的態度。

於是，我品嘗到的臺南料理特色，並非眾人所說的甘甜滋味，而是每道府城美味背後的濃厚人情味。百色料理，總歸一味。府城一味，就是料理背後的人情味。生活在臺南，無論一日或十天、一年或十載，只要能發現這一味，就可品嘗這座城市的美味精髓。

我在十六年前來到臺南生活後，首先感到震驚的，就是臺南人太過豐美的飲食生活。記得在臺南的前幾個月，我幾乎每天晚上，都流連於每一間令我折服不已的店家。而我來臺南學會的第一件事，就是千萬別跟臺南人爭辯哪間菜粽好吃、哪家炒鱔魚意麵道地。臺南店家常用食物跟人交陪，更成為許多家庭、幾個世代的情感羈絆。每個臺南人對於特定店家的食物認同度很高，很難被人輕易說服，放棄自己心中的第一名。味道的認同感，最為死心塌地，被認可的食物，一輩子也無法忘記。

我特別欣賞不同美味背後，烹者對於技藝的精琢，這背後通常又有著世代傳承的堅持。味道的延續，不需過度標榜，常存於日常；於是臺南的美味，就如同這座古城，有歷史的縱深、時間的韻味，以及人們的情感。

保持這樣的觀察，我固定流連於大約五、六十間左右的店家中，以至於我很少有機會品嘗臺南市內，聽說評價還不錯的異國料理。我大概是將臺南視為一個田野調查的對象了。大多時候，我只是一般的食客，跟店家保持尋常關係，我想知道的，或者說更吸引我的，是不為誰而準備、一般日常態度下所完成的料理。

直到二〇一五年，我常去的大頭祥海產店，老闆大頭祥因罹癌而驟逝，我因此寫了篇紀念文，追憶幾年間與他的相處。因此，我的第一篇食記，是在徹底感到失去後，才動念完成。那時候，我才覺得應該將觀察心得寫出來，於是有了二〇一八年的《府城一味》。因為大頭祥，我才知道食物也有生命史，《府城一味》書中所記的種種美好，也有物換星移時，希望每位尋味者，也能跟我嚐到相同的味道。

二〇二三年，《府城一味》再版，則是另一次自我心境釐清後的書寫。《府城一味》出版後，對於被冠上專家一銜，略有不安。此因，對於食物的關注，是興趣也是家學，成為專家並不在原先的設定，我更沒有打算成為引領臺南味的領航者。

這本書我放棄了對美食的追本溯源，也不想說些傳說掌故，我在體驗這些味道時，甚至從未參考任何資料，這其實是我職業訓練中，最擅長的一部分。但用於對府城的生活體驗，或許我們應該試著放棄以上所有的外在權威。

我的初衷乃至於品味的方法，都是盡可能保持跟食物間的對話關係，很簡單也很複雜。簡單是因為我每次都懷抱著單純心情，當個吃飯的人，仔細觀察與品嘗。我想要建立一種直接面對食物的關係，對於食物的品味才能轉化成屬於自己的認同。困難的是，聚眾飲食好友同歡卻是生活樂趣之一，但我對於一但超過了我自己一人的飲食情境，就無從保持著面對食物的清明的感受力。

單一、純粹的情境經常帶有孤獨感，但結果並非悲苦，有時甚或是種在生活中，如何獲致簡單幸福快樂的捷徑。於是，這本書裡的臺南味，經常缺乏熱鬧與喧囂，襯托著味道、技藝與人情的舞臺，總只有一張桌子上的我，或者清晨時分的無人街頭，以及只有一個人的廚房，但最後，味道都幫我們指引出一條認識臺南的新路。

這不是一般來臺南遊玩的外地朋友，所能輕易看見的府城風景。缺乏我所指出的心境，我所看見的林林總總就不會顯影。在這樣的觀察視角中，新版的《府城一味》增刪了幾篇文章，其中包括了以砂鍋鴨聞名的阿美飯店，知名的海龍肉粽竟然成立了故事館、以及具有軍人與畫家的身分者，如何成為一位廚師的 is 餐廳。

如果味道能夠成為臺南的靈魂，那它在孤獨的時候，也應該很美。希望這種一味的心境，能夠帶大家看見不同的臺南。這也是《府城一味》再版的原因。

篇壹

精琢・技藝

簡單的最難

康樂街牛肉湯

近年來，臺南飲食人氣最高的莫非牛肉湯。我常造訪府城的一九八〇年代，牛肉湯仍不普遍，而目前闖出名號的人氣牛肉湯，也大多溯源自一九九〇年代初期。因此，牛肉湯的傳統並不悠久，可能頂多三十年。

但最近三年來，牛肉湯店家暴增，人氣急速上升，這些超過上百家，已被列表評價、追蹤表現的牛肉湯，成為食客造訪府城的首選小吃之一。不過三十年光景，牛肉湯已積極追趕，成為府城美食一哥。如同海安路六千牛肉，經常天未亮，排隊人龍就已超過二十公尺。或者曾看見牛肉湯店，招牌自書五十年傳統，不知是我孤陋寡聞，還是牛肉湯店也有文創店。總之，牛肉湯的好市況由此可知。

人氣最高！

牛肉湯的用肉多為乳牛，以及極少數的黃牛。主要來自離市區大約二十公里處的善化肉品市場，每天清晨兩、三點的現宰溫體牛肉，直送市區。臺南於是享有地利之便，想吃牛肉，不受市場多為美澳牛肉的限制。早上七、八點後，肉品市場還會有第二波的肉，中午開始營業或者晚上經營牛肉火鍋的業者，肉品多半來自這段時間。

由於溫體牛肉優勢在於鮮度，因此，凌晨的善化肉品市場外，時有待發的計程車，臺北、高雄若能吃到臺南溫體牛，這些小黃大哥厥功甚偉，但一般狀況下，臺南依舊是品嘗溫體牛的最佳地點。

溫體牛肉吃法必須取其鮮，因此大概以湯涮最為適合。隆重者如仁德的阿裕牛肉，以涮涮鍋吃法為主，提供七、八種不同部位的肉，兼有炒牛肉、烤牛舌等選擇。或者，最簡易者，也有像是崇明路無名牛肉湯一般，用白飯取代肉燥飯，湯品則是牛肉湯與牛腩湯兩種，一家店就供應三種吃食。

湯涮的吃法，不像吃牛排，大口大口品嘗，一下就是十盎司，小小一碗牛肉湯，肉片得很薄、一碗不過兩、三兩肉，換算下來每兩都要五、六十元，比頂級龍膽石斑魚還貴。因此，牛肉湯是極貴重但卻輕巧的小食，幾口就能吃盡湯中牛肉，深意往往因囫圇吞棗而未及體會。

我常去的牛肉湯店中，各有所長。住家附近的崇明路牛肉湯、長榮路牛肉湯幾乎只有在地人，最能感受生活中，吃食牛肉湯的日常感。過了鐵路進了城，這幾年店家極多，但水準落差大，有不少店家，竟然在湯中加味素，對於牛肉湯店而言，這是完全失格的事。眾人趨之若鶩的六千牛肉，以重口味湯頭著稱，偶爾我會趁觀光客較少時前去光顧。但最常造訪的則是康樂街牛肉湯。

平心而論，康樂街牛肉湯未必是我最喜歡的店，但

我總以極為慎重且帶點隨時要接招的心情，吃喝康樂街牛肉湯。這樣的體驗過程有時並不輕鬆，因為細緻處太多，刻意放過可惜，備齊感官體會，卻顯然不輕鬆。所以談康樂街牛肉湯，其實是在傳遞料理牛肉湯背後的職人精神，以及顧客對於這樣的對手，該是如何應付接招的過程。康樂街牛肉湯，好不好吃，其實見仁見智。

牛肉湯在形式上，是種極為簡單的食物，把牛肉片薄，澆灌熱湯後上桌。因此，一碗牛肉湯，上桌後好不好吃，就交給顧客了。所以每當我看到別桌客人的牛肉湯上桌後，就開始忙著拍照，任其不均勻地太熟或太生時，我都有種想要動手幫忙的衝動。真正的老饕，湯一上桌，馬上觀其肉色，選擇要熟要生，迅即用湯匙與筷子或撈或夾地調理。

不過康樂街牛肉湯的老闆，對牛肉湯調製介入極深。一碗牛肉湯的調製程序大致如下：先舀入一湯瓢熱湯，牛肉倒入後，讓肉片得以均勻拌開。然後，再加

入一瓢熱湯，這一瓢是要決定熟度的。之後，加入一小湯匙冷湯，確保熟度不再加深，維持住老闆認為最佳的品嘗狀態。帶著粉紅肉色的牛肉，才能上桌。

而在湯與肉結合之前，各自都要經過漫長努力。康樂街牛肉湯供應的肉種，包括「臭火乾」、「心啊」、「盤啊」等五、六種部分的肉，全是術語，但我始終沒有真正搞懂這些術語所指，何處是沙朗，那邊是菲力。他們每天提供的肉種，大約是其中的兩、三種。若是願意細細感受，不同部位的牛肉，Q度與彈性、甜味都不同。

我很欣賞店東在處理肉品上的要求，二〇六地震發生那天，我聽聞接官亭鼓樓倒塌，於是連忙前往觀察災情，於是就在接官亭鼓樓旁的康樂街牛肉湯吃早餐。凌晨四點多，老闆正在處理牛肉，老闆用把相當銳利的小刀，把暗紅肉中的白色結點——一點一點的筋結，通通挑出。我才恍然大悟，天亮之後，我常在攤子上看到的漂亮牛肉，原來並不總是天生完整美好。

或者，溫體牛最重保鮮，因此，夠水準的牛肉湯業者，絕不會把一天要販賣的牛肉一次切足，放在攤位廚櫃的肉量，也不貪多。他們總是不嫌麻煩，將肉放在冰箱中的保鮮盒內，要用多少切多少，放在餐櫃的用量，始終只有幾碗存量。因此，賣牛肉湯的店，始終有一人，都在忙於切肉。我看過最用心者，是東門路加油站旁一間無店名的牛肉湯店，老闆在木砧板下做了儲放牛肉的小木箱，肉片切後，備用的那一塊，馬上保存於箱中。

如何片切溫體牛肉，其實是一碗牛肉湯中，另一個關鍵因素，溫體牛肉有黏性，並不好切，但又必須要求片薄，才能讓熱湯施展催熟的能力，於是一間牛肉湯店，總不乏七、八把磨得銳利的刀，輪流備用。如果你是早、午餐的空檔時間到康樂街牛肉湯，就常見老闆將一把把刀磨到可以隨心所欲、片出透光薄片的銳利程度。

不過，最讓老闆自豪的，始終是熬煮八小時而成的湯。臺南的牛肉湯業者，每個人都有自己的湯頭秘方，牛大骨之外，各種會出甜味的蔬果，洋蔥、蘋果、玉米、紅蘿蔔、菜頭都會用上，但調配比例不同，選材也多有差異，那是每個店家，籠統說明不能細問的問題。而康樂街牛肉湯的老闆娘，為了能讓粉嫩的牛肉，浸泡在澄澈的湯中，因此特別去學了法式料理清高湯的做法。

康樂街牛肉湯不加味素，這是好湯頭的基本條件。老闆認為對於習慣味素的現代人來說，湯裡不加味素，是相當挑戰味覺的事，於是倘若她有空，一定會引導客人品嘗這天然甘醇的湯頭，該是如何欣賞，這樣有沒有很挑戰呢？於是，我大概只有一大清早，口腔味蕾還是乾淨的狀況下，敢於跟老闆對話。

如何片切溫體牛肉是另一個關鍵因素

最讓老闆自豪的是熬煮八小時而成的湯

但我終究每次都會被擊敗，她總是說，有沒有感覺今天的湯不一樣呢？什麼！我總是鎮定品嘗著湯，但內心小宇宙不斷碰撞，苦思何處不同？有時她會再給我點另一碗湯，再讓我辨識其中差異，一碗都喝不出來了，還喝另一碗？有種碰到喝凍頂烏龍茶的高手，要你喝出同一座山兩面茶區味道的差異。當下，我總是想要快點逃。

老闆對這碗簡單的湯，始終充滿熱情，她有時會在前一晚熬湯時，順手加入適合的材料，例如前天家裡喝苦瓜湯，她就把取下的苦瓜囊加入熬湯，於是湯味便帶著點甘苦味，或者丟入些許九層塔花，湯就會帶點花味清香。總之，老闆一直在原有的基調中，尋找新可能，她認為天然的食材最出色，如何搭配要用心。喝懂這碗湯是不是很難呢？

雖然，康樂街牛肉湯提供牛肉燥飯，但為了專心應付牛肉湯，我認為還是白飯最佳，老闆娘近來也鼓吹不沾任何調醬，一切以天然最好。來此用餐，也可以試試他們的炒類，牛肉、牛腩、牛肝、牛心與骨髓都有所長。

其實，在我遍尋臺南牛肉湯之初，對肉與湯的感受還未能如此細膩時，是一個契機讓我感受康樂街牛肉湯的講究處。通常吃牛肉，臺南人喜歡用醬油膏加上豆瓣醬與薑絲。我第一次品嘗康樂街牛肉湯時，我感覺特別不同的是，連佐著牛肉片的薑絲，老闆也很講究。

由於牛肉湯上桌時，熱湯澆灌出的粉紅肉片，肉質相當纖細，而能夠與之相匹配的薑絲，必須要有纖細的口感、保水而不乾柴，康樂街牛肉湯始終將提供的薑絲切得更細，放在不使其乾癟的小盒中的用意便是保濕。唯有能夠體察這等細緻的處理，這碗只是熱湯沖肉的簡單料理，才能由食客與老闆，共同調配出符合其身價的好滋味。

應該是前年開始，老闆在招牌上回溯了開店的歷史，寫上「一九九三年三月

十六日開始營業」。當初，老闆是在結束另一項事業時，先轉而賣牛肉維生，但如今已過二十餘年，牛肉湯的學問飽滿，每日求精進，標示了當初的起點，是對當下的自信，也是對未來的企圖。

康樂街牛肉湯，說明了簡單、純粹的一碗牛肉湯，實則存有最難破解的艱深學問。而這就是府城教我的另一件事。

好呷ㄟ所在

康樂街牛肉湯

臺南市中西區康樂街 325 號

精工細琢的日常味

友愛市場郭家菜粽

有位我頗敬重的師長，幾年前從臺北回臺南任新職，我聽他說過這段歷程的機緣，雖然來自於諸多因素，但其中最令人信服而且讓我深信不移的，是因為某次吃菜粽的經驗。一顆菜粽，一碗味增湯，好吃不用說，價格更在五十元以內，在臺北生活三十年的他，當下覺得「這樣不回來不行了」。對我來說，這個理由最能打動我，也最有說服力。

事實上，一顆菜粽，一碗味噌湯，是生活在臺南的日常味。在便當還不是太普遍的時代，一顆粽葉包裹的肉粽，就有著如同便當的功能。我年輕時出海釣魚，帶顆粽子最為方便。這樣的尋常味，讓各家粽子都有著各自的擁護者，由於如此，千萬不要跟臺南人爭辯哪家菜粽好吃，那會是場無止盡且誰也無法說服誰的辯論。

我會在臺南吃菜粽，通常是一大清早，帶著一對兒女，騎車晃蕩，找

尋好味道。這樣的日子，通常也是放假日，早上八點，著名老店沙淘宮菜粽、圓環頂菜粽、老店菜粽便有許多簇擁者，人聲鼎沸，還沒徹底醒來就要睜大眼睛找空位，並不適合放假日一早的心情。

因此，如果想在此時來顆粽子，我較常鑽進友愛街，選擇友愛市場的郭家菜粽，不用說，那一定是一處可寧靜吃食的地方。大約僅剩十餘間攤商的友愛市場，明亮通風乾淨，客人不多，在此用餐，頗有閒逸感。

郭家菜粽攤位不過一、兩坪，提供肉粽、菜粽與素食粽等三種選擇，湯品則僅味噌湯一味。原本隔鄰是阿全碗粿與魷魚羹，阿全碗粿的老闆還未退休時，兩攤比鄰，菜粽與碗粿一次享受，相當過癮，但阿全退休後，就剩兩家店家獨守友愛市場的一隅。

郭家菜粽已營業七十幾年，早在友愛市場興建前就已開業，郭先生從年少時就

菜粽用竹器

肉粽用鐵叉

在店裡幫忙，但他另有手藝別有正業，因此正式繼承菜粽店，是在二十一年又一個多月前。這是老闆娘說的時間，之所以講得如此精確，是因那年端午節後，正式從母親手中接下經營。對於菜粽店而言，端午節應該有種一年循環之開始的意思。

我喜歡來此用餐，雖是為圖清靜，但老闆對於細節的重視，很讓人感受他對食物的堅持與用心。通常一家人來此用餐，點食菜粽與肉粽皆有，不過熟客一下子面對四、五顆粽子上桌，多總能馬上辨識菜、肉粽之別，因為菜粽、肉粽食器不同。

獨門秘方
老闆堅持
菜粽與肉粽
醬料不同

一般來說，老闆通常會讓顧客用竹籤吃菜粽，因為菜粽內餡僅有花生，熟透的花生遇銳器容易破碎，因此要用竹器，保其整顆完整。肉粽則常用鐵叉，方便把肉塊切分，搭配熟透的米飯而食。

再來，菜粽與肉粽的醬油沾醬也不同，府城的菜粽店，每家醬油各自不同，都是自己調配的獨門秘方。一般來說，菜粽與肉粽通常共用一種醬油。不過，郭家菜粽的老闆，卻堅持菜粽與肉粽醬料不同，他的肉粽沾醬由醬油、肉汁與油蔥熬煮而成，略帶脂香的味道，被認為最適合搭配肉粽；反之，此醬則萬不能淋在菜粽之上，否則花生香氣完全品嘗不出來。

郭家菜粽以竹葉包裹為主，但熟客都知也有月桃葉的口味。只要有人點上月桃葉菜粽，老闆上菜時，一定會送上香油一瓶，老闆說他「抓了很久之後」，認為香油可襯托月桃葉香味，因此極力推薦兩者的搭配。

郭家菜粽的佐醬與食具，之所以菜粽與肉粽皆異，都是老闆多年思考與嘗試的結果。老實說，如此追求究極之味，根本可為米其林星級主廚之列了。而他的目的，也不是為了開連鎖店發大財。我們一家四人常吃五顆粽子，喝了四碗湯，約莫不過一百七、八十元。一顆粽子，從清洗粽葉、爆香炒料、包裹入葉、入水滾煮，共要費去四、五小時，能賣三十元一顆，我不知道他們是如何衡量自己的時間成本。

我始終好奇，老闆何以對細節如此在乎。原來老闆年輕時，一藝在手，在外就職，是白金師傅，工作都是以毫米的細琢為要求，只要絲毫犯錯就要燒熔重來。我想，或許因為如此，郭家菜粽的調製、品嘗與食器，都有著精工細琢的堅持，而這就是令我佩服不已的府城日常味。

好呷乀所在

友愛市場郭家粽

臺南市中西區友愛街 117 號

豆乾劍俠

東門城代天府前
清燉牛肉麵

近年極為熱門的牛肉湯，已經快成為府城美食的看板。很多饕客為了嘗鮮，常常天還沒亮，就要品嘗現宰牛肉的新鮮美味。因此，牛肉湯店在這三年來，急速成長，加上官方牛肉湯節加持，熱潮持續是可以預期的。

我也是追逐熱潮的饕客之一，只不過府城巷弄穿梭久了，熟門熟路，因此往往能避開人潮，閒適安逸地享受牛肉鮮味。其中，位於牛肉湯熱區之外，東門城旁，代天府前的清燉牛肉麵，就是間相當有特色，也不至於被人潮淹沒的店。

臺南的牛肉湯店很多，這間店也賣一般牛肉湯，但主力其實是清燉牛肉麵，店家選用臺灣牛牛腱肉熬煮為清燉湯頭，頗異於其他牛肉湯店的作法。老闆為了等著一罐

略帶濁色的透明湯頭
自然甘甜

罐在鐵蒸籠裡的清燉牛肉達到軟熟的程度，每天上午十點才開店，但下午兩點打烊，一天營業四小時。

店家的清燉牛肉麵，只有牛肉加上紅、白蘿蔔，蔬果清甜加上不過於油膩的牛肉，幾小時蒸煮造就的原汁原味，挖掘出臺灣牛在清燙之外的另一種美味。代天府前清燉牛肉麵略帶濁色的透明湯頭，有著自然的甘甜，夾筋帶肉的牛腱，軟嫩適中，足以襯托臺灣牛的滋味。簡單來說，美國牛一般太油，肉味中些許玉米飼料的味道，適宜紅燒，不適合清燉，久而久之，清燉牛肉的美好，常被人忽略了。

李老闆的政治色彩鮮明，對公共事務充滿熱情，有段時間店內懸著一塊競選里長的宣傳看板，他曾兩度參選里長，但在二〇一〇年敗給國民黨籍候選人後，二〇一四年，改變參選選區，又敗給無黨籍候選人，對於參選很是執著，一心為民服務卻始終壯志未酬。最近則掛著一張二〇一六年當選民進黨臺南市黨部執行委員的證書。

他於店中，或因忙碌，或者個性使然，很少跟顧客互動，極為靜默，除了算帳，很少跟客人說上一句話。如非熟客，很多人不知道牆上競選看板上的人就是老闆。這樣的人，說是志在投身選舉，很讓人不可置信。我曾數度詢問關於店中食物的種種，他總是一、兩句話，簡單帶過。

專心於製作費時，每天供應量卻只足以賣四小時的清燉牛肉麵，跟老闆堅持投身公共事務，不知有什麼關聯？不過，若來此只為吃清燉牛肉麵而來，那就可惜了，此店滷味相當出色，且多半是由刀工造就。

展示滷味的小櫃中，置放著味道滷透甚至略顯乾癟的豆干與海帶，一塊都是十元，在臺南不能說便宜，但老闆刀工了得，將豆干薄切到幾乎可以透光，海帶切成絲狀，然後再將兩者鬆垮堆起，灑上大量蔥花，只見綠意盎然，景況就像是只有夢境中才會出現的和善小山。淋上香油與辣椒清醬油，一大盤即可輕易吃完。這種將滷料縮緊又鬆開的處理方式，完全是技走偏鋒，異於常態，但在聚散之間，卻讓配菜成為主角。

說來奇怪，全臺各地麵攤少說數千間，大多供應滷味，但光是臺南就有好幾間麵店，處理滷味的方式，邏輯一致，且各具風格。如同大同路香圃麵店切豆干的幾位大姊，人人都像電影「功夫」中的包租婆，功夫了得。談笑間，手中的刀飛快輕盈地走著，白干切成超薄片段，眼裡與口中還可以忙著關注其他事。而歸仁的老蔡外省麵，店中的年輕帥哥，刀工同樣驚人，如同炫技，所有滷料幾乎都能切成零．一公分厚度，而且滷味排盤鋪陳出的場面很漂亮。

老闆刀工了得
將豆干薄切到幾乎可以透光

等待牛肉麵上桌的時間，我常看著老闆如何處理滷味，他的眼神總是專注，有時甚至抿著嘴，身體略縮，下刀用力，像是加諸所有壓力於刀下物，他採用劈砍的方式，將豆干、海帶、豬頭皮、豬耳朵等，都片成薄度一致的細片，讓人感覺很是費力，如同進行一場與豆干的對決。

沉默的李老闆，處理豆干、料理牛肉麵如同壯志未酬的江湖劍俠，有自己的堅持，用自己的招數，走著只屬於自己的路。我想，或許將來的選舉，應該還會看見他的競選看板吧。

好呷ㄟ所在

廟口清燉牛肉麵

臺南市東區光華街 153 號
(臺南市東區府連路口與樹林街口鐵皮屋)

餐桌上的脫口秀

阿明豬心

大約十年前我剛落腳府城時，有段時間幾乎每天到保安路尋食，香腸熟肉、虱目魚羹、牛肉湯、八寶冰、鍋燒意麵、蝦仁肉圓、米糕、杏仁茶、圓仔冰等，短短一條街，一網打盡所有臺南美味。但讓我印象特別深刻的，卻是那條街上的阿明豬心冬粉。

阿明豬心冬粉，料理豬內臟別具風格，而系出同門者，還有阿明的姐姐——黃氏豬心，就在距離我家不遠的文化中心附近開店。菜色與料理方式、甚至口味，

一碗的精華

大多與保安路上弟弟的店無異，另外阿文豬心、大胖豬心也在大智路、文南路上另有門號，經營同款料理。四間店系出同門，料理豬內臟都有獨到功夫，但最具風格的依舊還是阿明。

阿明豬心等店對豬肝、豬心、鴨腳翅等食物的處理，與眾不同，別出心裁。好吃的豬肝湯難尋，食材新鮮是必須，但火候掌控更是不易，稍一不慎就過熟，又乾又硬的豬肝湯，很難讓人下嚥。因此，有的聰明店家裹上薄粉，湯頭點綴些冬菜，讓豬肝嫩些，鮮味也可被引出來，如同寧夏夜市的豬肝榮。

阿明豬心的豬心冬粉與豬肝湯則取徑他途，放棄了在豬肝上動手腳，鑽研如何改良烹飪方法。阿明的豬心，大多現點現切，切完之後，投入一小鋁杯，灌注熱湯，再將鋁杯投入熱水鍋中，有如隔水保溫，就靠著這種泡熟而非直火煮熟的方式，保其鮮嫩口感。

不需填單，僅憑口述，
就能牢記滿屋
客人的需求

阿明的攤頭旁也有個圓形鐵箱蒸籠，提供骨髓、鴨腳翅等燉煮湯品。其中，鴨腳翅是我的最愛。兩隻鴨翅一小片藥材提味，放入蒸籠中慢蒸一小時，鴨翅肉嫩，湯頭清澈卻豐腴，只有用此方式，那一碗的精華才得以全部留住。這種湯，天冷的冬日喝一碗，會有幸福的感覺。

豬心與鴨腳翅的烹調方式差異很極端，我一直沒機會問這是誰發明的「步數」，因為這必須很清楚地考慮了食材的特性與烹飪的方法，慢燉的與輕泡的，才能各顯神通。

說實在，眾家店食物不分上下，但願意讓我每次都要等上二十分鐘才能入座點餐的，還是弟弟的店。

阿明豬心的店主阿明，是個奇人，營業時間總是忙著不停，光看他下刀切豬肝、入鋁杯泡熟上桌，鋁杯上上下下，熱湯一碗碗煮熟，過程之俐落，如同看特技表演，令人目不轉睛，很厲害。

而他的大腦與嘴巴，好像由另外兩部電腦控制，精準異常。早幾年，阿明豬心點菜，不需填單，口述需求，而他永遠可以記住滿屋客人，誰桌要豬肝，哪桌要豬心。結帳時亦同。光看他出菜調度，買單算帳，全靠默記心算，我就覺得阿明的智商，少說一百六十，擔任大企業CEO，他一定可以勝任。

然後，如此忙碌的他，還可以空出嘴巴，一邊虧晚上十點準備要去上班的小姐，故意推銷他認為有補血與解酒效果的豬肝湯。我看他跟客人說過，「我們的東西很貴很小碗……」，換做別人，客人大概轉頭就走。於是，在阿明豬心用餐的經驗很像在看表演，跟我小時候，在臺南小北、高雄地下街、夜市看叫賣人，極具表演性的銷售方式很像。

我曾看過一桌臺北來的客人，被阿明逗得大笑，吃了一桌不過六、七百，但食客大滿足，付了一千，加上一句「免找」，開心走人。所以，各位朋友下次要吃阿明豬心時，如何度過那排隊的二、三十分鐘？千萬不要低頭滑手機，記得看看阿明如何手上展功夫，嘴上說神通，展演出一場餐桌上的脫口秀。

好呷乀所在

阿明豬心

臺南市中西區保安路 72 號

夏天的儀式

榮興芒果冰

我們過日子，如何感覺時間呢？日與夜、寒與暑，周而復始的循環，一年又過一年。

在臺南，有許多來自日常的訊息，怎麼來、如何去的事物，都提醒了我們生活在府城的時間節奏。例如家中附近的大埔土地公廟，只要到了戲棚搭起時，我們便知那是春季或秋季。而只要是市場中許多攤商忙著剝皇帝豆，那就是三、四月，地上擺了一堆沾附泥土的綠竹筍，就是春天到了的訊息。烏魚上市則是冬冷之時。依著這樣的作息而生活，就算生活在都市，也能感覺土地呼吸的舒張。因此在外吃飯時，我特別會注意菜單外，寫於隨意紙上的季節料理。採用著時之物，通常格外美味。

現點現削的堅持
說什麼也是不會退讓的

而在臺南，夏天的到來，通常由各式水果揭開序幕。四月之後從水果店中擁擠的人群，可以瞭解天氣的變化。位在孔廟對面的莉莉冰果店，緊臨著的冰鄉與阿田、成功路上的義成等名店，整個夏天都不缺客人。即便是冬天，近年來推出的茂谷柑汁，也一樣能夠達到集客的效果。

我常去的榮興水果店，則是間透過水果將季節與時間感表現得特別細膩的店。一年只賣幾個月的芒果冰，已經成為臺灣冰品的代表，盛產於夏季的芒果，通常提醒著人們夏天的開始與結束，如同時間的儀式。臺北有些終年都能供應芒果冰的人氣之店，並非找到冬季出產的芒果，而是用了芒果罐頭取代，糖漬後的芒果，已沒有了新鮮芒果的香氣。

芒果冰是一、二十年來才開始流行的夏日冰品，坊間也不乏相當花俏的作法，添上芒果雪花、芒果果漿、芒果冰淇淋，不過以上三樣都是加工品，吃了不會讓人更愛芒果的。我在臺南，也吃芒果冰。開業七十幾年的榮興水果店，從賣水果盤開始起家，開店以來從未搬移，一直在公園路與成功路口，從最初的一層平房變成三樓透天，房子已見老舊只有水果依然新鮮。目前已傳承至第三代的榮興水果店，第二代老闆娘指出，榮興是目前尚在開業的臺南水果店中，歷史最悠久的。

她謹守著傳統，接下了公公留下的事業，用料堅守傳統原則，對人的身體較容易產生負擔的果糖永遠進不了她的店，她接手後的四、五十年來，用二砂煉製著店中所用的每一滴糖水。榮興的布丁選用價格不便宜的銀波布丁，這讓榮興幾乎沒有空間再把售價調上去，但因為是傳統的味道，她們沒有動過更換布丁品牌的想法。她的公公教她挑選水果的秘訣，就是買最貴最好的水果，她也用一樣的方法告訴小孩，口味要能延續，水果新鮮是唯一的路，她告訴我「讓客人吃得健康會有福報」，營商者要有信仰，消費者才能幸福。

榮興雖不是常上媒體的名店，芒果冰的樣式也不是時髦款，剉刨的清冰甚至還有著不容易入口即化的粗粒感，但榮興的芒果冰堅持現點現切，因為芒果只要先切著備用，不多久芒果就呈軟爛狀，口感盡失。我曾經提早兩小時預約數量頗多的芒果冰，但老闆卻還是在見到了我們之後，才開始削皮切塊處理芒果，現點現削的堅持說什麼也是不會退讓的。

我通常在點選之前，都會問問當天芒果的品種，因為她們的芒果冰，依照收成的順序，分別用凱特、愛文、金鍠、烏香、土芒果、西施與九月芒等不同品種，十足用心，榮興水果店因此就像認識芒果種類的小教室。依著時節而生的芒果，

夏天的儀式 榮興芒果冰

讓人在七月或許可吃到愛文、烏香與土芒果等三種匯於一盤，九月芒果季結束前則到了最後的西施與九月芒。榮興的老闆娘認為不同芒果各有特色，香氣、口感、甜味各自突顯。榮興的芒果冰，最能精準演繹出南國夏天的味道。

榮興的芒果冰讓人可以依次感覺從五月到九月、春末到初秋的節氣變化。如同七月要吃格外甜膩軟爛的愛文，而九月的西施已經有點秋天將來的感覺，口感微硬，甜度也整個被收斂了起來。一碗芒果冰，為何要弄得如此複雜？老闆的說法也很稀鬆平常：什麼時候、哪種芒果最好吃，就買來用。由於老闆娘對於水果品質要求極高，因此，榮興的水果櫃，根本就像是水果的精品百貨，每一顆飽滿健康的水果，都充滿生命力。

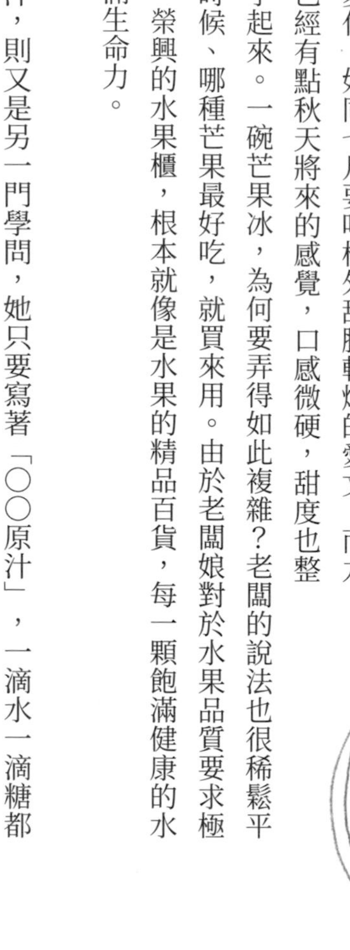

榮興的果汁，則又是另一門學問，她只要寫著「○○原汁」，一滴水一滴糖都

沒有加，無論甜度、酸度與香味，老闆娘都靠各式水果調和，好像高超的畫家，用顏色的調和，創造出各種不同的細緻。

榮興芒果冰精準地刻畫出，府城夏天五六七八九月的刻度。榮興芒果冰有著來自大地的訊息，告訴我們時間的來去。缺了芒果，就如同沒有經歷夏天。

好呷乀所在

榮興水果店

臺南市北區成功路 58 號

名為水果店的地方

經常帶外地來的朋友去莉莉、去榮興，吃芒果冰、吃番茄盤。臺南這種名為水果店的地方，經常都會讓人陷入選擇困難，她們的菜單，通常滿滿一頁，迦南水果店的各種冰品選項，一張甚至容不了。各樣水果，各成一局，或冰鎮切盤，冰上擺盤，或者現打成汁，更不要說那些酌情添加的紅豆、煉乳與布丁，主配角以碟碗為舞臺，默契共演。常常一杯五分鐘內可以喝完的果汁，看菜單下決定的過程往往費時十分以上……

在還沒有太多觀光客的時代，許多臺南人會在冰店聚會聊天。有沒有錢不太是關鍵，如同你可以在莉莉吃芒果布丁牛奶冰，快兩百元，但他們的紅茶一杯只要二十元。點一杯紅茶，慢慢喝，也沒有人會趕你。

我經常去吃冰，例如去榮興吃芒果冰，但倘若想要吃晚餐然後吃水果或者吃冰都在同一間店，那我就會去吃奇異果子。這裡的鍋燒意麵是臺南相對少見的豬骨湯頭，但我更經常吃牛肉麵，主要是牛肋條耐燒，讓藥材與番茄味能帶入食材，很夠味。

然後，最期待的上桌了——布丁杏仁豆腐牛奶冰——布丁與杏仁豆腐我都愛，但經常難以兼得。臺南在地店家的傳統布丁，普遍水準都很高，沒有人在加超商市售的那種，明顯是失格表現。杏仁豆腐是店家的自慢味，香氣逼人，滑口細緻。圓滾滾的和善模樣，一看就是大家的好朋友！

在臺南，杏仁豆腐與布丁，不用選，一起吃。很過癮！

硬底子軟功夫

十字路口豆花邱

過了八點，有時要去接送孩子回家前，若有點時間，我會到家裡附近的豆花攤吃碗豆花。豆花攤的老闆姓邱，是個失去右手大拇指的中年男子，攤車載著兩桶豆花、一壺糖水，三個鐵罐，裝著珍珠、紅豆、花生等三種配料，每個夜晚在臺南市文化中心附近路口的榕樹下擺攤作生意，只限外賣，若要現吃，只能站著。他的生意通常不錯，顧客一個接一個，只見他不急不躁地處理著。

我就這樣站著吃豆花，已有三年。他是來自屏東麟洛的客家人，年幼就跟著轉調到臺南榮民之家工作的父親來到臺南。經營豆花生意不是人生所預期，他本在承作營建署的道路工程單位工作，生活中滿是鋼筋水泥、柏油砂石，都是粗活，很費氣力。但隨著國道快速道路興建的高峰結束，他因此失業，領了幾萬塊的資遣費，回家吃自己，又是一個中年失業的案例。

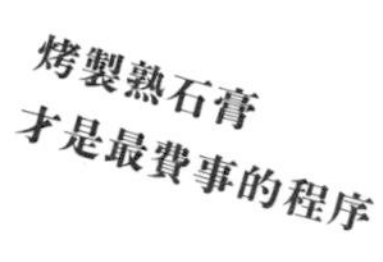

烤製熟石膏
才是最費事的程序

做起生意全是不得已的。這種在路旁、藉著路燈餘光賣著簡單一、兩種涼水的攤販，營商資材簡便，販售食物單純，很難說是個正式的生意，比較像是種權宜的謀生之道，一晚可以賣個兩三千元，實在是不太容易。因此，很難用一般經營事業的理解，看待這樣的攤商。

不過，豆花邱全無度小月的權宜之心，他的豆花用料謹慎，攤中的每樣食物，都是他親手處理。我曾看過有客人跟他買糖水回家另做他途。他的糖水，雖只用二砂煮成，作法簡單就是小火熬煮，讓它維持在沸騰起泡狀態下，不需攪拌，兩個小時後，糖水完成，他的糖水兩天就要煮一次，供不應求。不要說是糖水，我還遇過豆花賣完，有人只要跟他買紅豆、買花生，如此也說明了豆花邱每味都到位。

賣豆花不是豆花邱失業後的第一份工作。拿了資遣費後，他回到父親故鄉屏東

採用加拿大

豆漿
古早味
傳統豆花
採用加拿大
非基因黃豆
一瓶 20元
紅豆
花生
珍珠
原味

麟洛，買了一千多隻小雞，打算養雞為業，結果就在小雞即將長大，準備出貨販售之際，遇到八八風災，野狗入侵雞舍，一千多隻雞全被野狗玩死，所有投資付諸流水。人生要找路走，他因此跟著舊識學作豆花，算是走投無路下的選擇，沒想到竟學出了名堂。他總用平淡口吻述說人生經驗，滿口缺牙與斷肢不便看來對他也沒造成影響。

豆花邱的豆花用料實在，濃厚豆漿凝製而成的豆花，口感紮實味道濃郁，單單只是一點糖水提味，要吃個兩、三碗絕非難事。於是他又跟我說了豆花製作首重豆漿品質，選用飽滿黃豆是重點，但關鍵其實與煮碗好吃的菜頭排骨湯的道理雷同，多放排骨少放菜頭——多放黃豆就對了。這道理，對從小吃豆花的你我，也總是懂得。

豆花邱對於這用料實在的小本生意，有著特別的堅持，由於他的豆花都採用純天然材料製作，只要冰過一夜，軟綿的豆花就會略為變硬，口感如同傳統豆腐。

只要豆花賣不完，後續處理只有倒掉一途。因此，有些天氣冷、下著雨的日子，我會特別繞個路，去看看他的生意。我想受寒一夜，回家後卻要將賣不完的豆花整桶倒掉，心裡應該也不好受。

最近，聊天提到了許多生活不如意的事，他才慢慢告訴我，好吃豆花的關鍵秘密，原來糖水、黃豆都是基本功，烤製熟石膏才是其中最費事的程序。豆花邱說，市面上的豆花幾乎都是用食用化學石膏當凝固劑了。

豆花邱的日常備料過程之一，必須定期去買塊天然石膏，後用工具敲成一小片，揀去其中的泥土雜質，用炭火烤製石膏，直到熟成，研磨後使用。烤熟的石膏，如果沒有包裹好，又會變成生石膏。工程背景出身的豆花邱，製作豆花的關鍵程序，最終還是回到了土石，因為如此，他才做得特別好嗎？

他很仔細地細說每個過程，一點也不怕我偷學功夫。他說豆漿煮好後，備好的

好呷乀所在

豆花邱

臺南市東區崇學路與崇明路交叉路口（大榕樹下）

自製熟石膏，要俐落地沖入與翻攪，其他的時間，就是耐性等待了。

中年失業，轉業又失敗，好不容易以賣豆花站起的豆花邱，沉穩的硬底子軟功夫，不只是調製豆花的秘訣，看來也是應世的道理。

夜色中，unplugged的原汁原味

馬公廟葉家燒烤

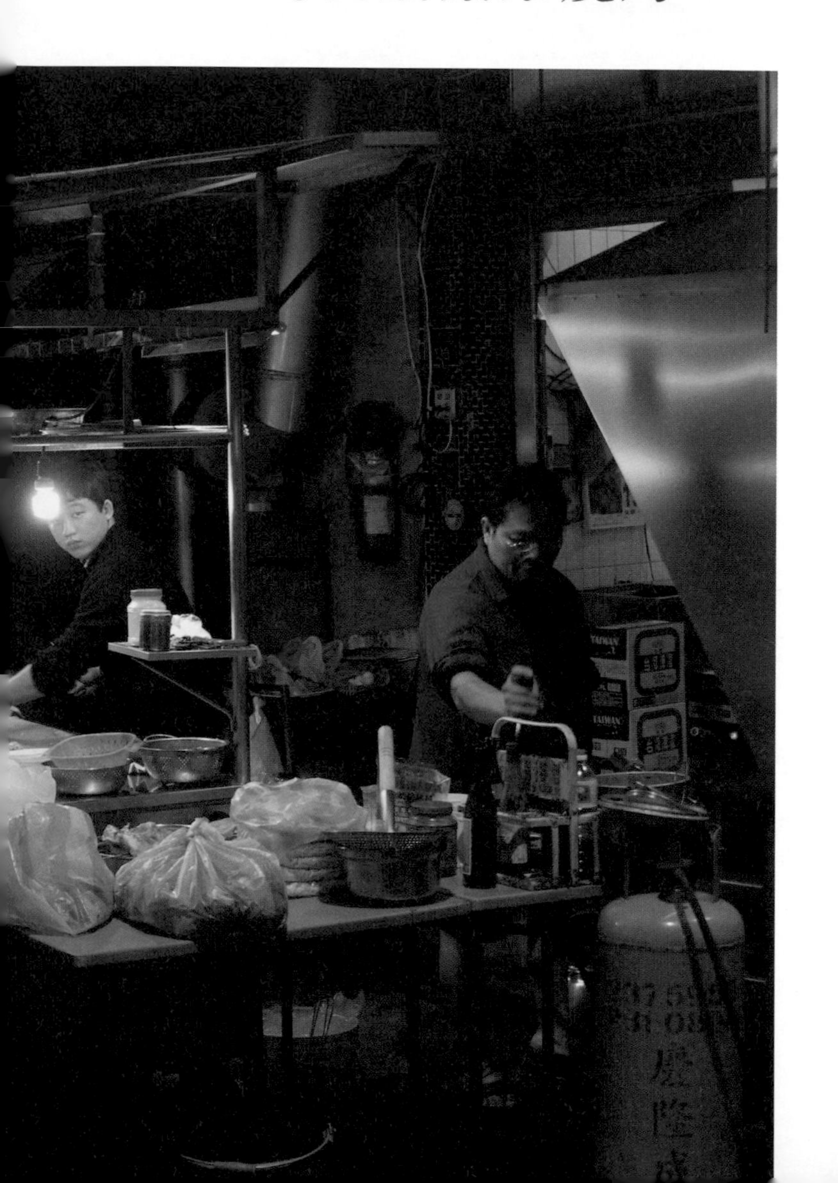

廟埕前的用餐經驗，總讓人感覺很府城。近年來，總趕宮、三山國王廟、妙壽宮、馬公廟等廟埕前的海鮮攤，聚了不少人潮。就連北華街白龍庵旁的燒烤店，最近也把桌子搬到廟前，可見廟埕用餐絕對是個賣點。而類似的經驗，全臺應該也只有府城還普遍留有這樣的人文風景。

廟宇加上美食，府城的美好，很容易就這樣打包在一起。

幾年來，國外的朋友來到臺南，到總趕宮用餐幾乎是不二的選擇。然而，若說是自己用餐，我倒常選擇三山國王廟或馬公廟前的店家。古樸色濃厚的三山國王廟，廟前那家只標註「原府前路加油站」的店專攻螃蟹，通常只在秋蟹當令時造訪。馬公廟葉家燒烤，則因離家近故較常去。

葉家燒烤位在府前路與開山路交叉口附近的馬公廟前，但行經兩條馬路，都要側頭往裡看，才能知道店家是否營業，店頭只點著一、兩盞燈，並不起眼，也因此，葉家燒烤的人潮雖不如總趕宮，但廟埕用餐的閒逸風情最易感受。不過，說起在馬公廟的用餐經驗，對於喜歡觀察經營文化、烹飪技術的我來說，始終有種非常特別的感覺。

葉家在此已做了五十年的生意，掌廚的老闆與點菜兼跑堂的媽媽等兩人，忙得不得了。葉家燒烤的食材不算高檔，特別是魚價高漲的時代，基於降低經營風險，攤上的鮮魚都是些好賣的平價貨色。菜種也不過就是各種沙拉、炸物、烤物、炒意麵與烏龍麵，豆豉虱目魚頭與海吳郭魚等。論魚蝦品類無啥特別處，論生猛也不若旁邊

一切的一切，
都回到了味道的對決

一百公尺的竹屋，火鍋菜盤上桌時，蝦子還在盤中跳來跳去，如果旁邊就是海，我會放生牠。

葉家燒烤的客人，多半是熟客，因此店家的魚鮮，很少漂亮有秩序地鋪排出來，總是放在塑膠袋中，老闆娘黑貓姐說：「沒排也沒關係，我們的熟客都知道。」就算海鮮都各就各位地排好，都還有一半的菜色，例如烤香腸、烤排骨等，根本不知在何處，這是間沒有菜單的海鮮攤。而我應該僅有一、兩次的經驗，要不太晚、要不天氣太糟，老闆娘閒來無事，就會把漁獲鋪排整齊。我因為瞭解這種經營型態的點菜方式，通常花不了多少時間就決定了今晚的菜色，之後，就是等待。

走離那盞攤上的燈，座位區略顯昏暗，通常要在那等上一段時間，坐著坐著，很難不被那如同聚光燈投射下的小攤所吸引，老闆正俐落地張羅著大家的「注文」。很忙，非常忙，他像是在舞臺上的表演者，而我則彷若坐在位置上的觀眾。

經歷長久的等待，料理終於上桌，眼前一盤一盤的菜色，香味俱足，但如果說好吃的料理，也要能滿足視覺，葉家燒烤恐怕會因為根本看不清食物而不及格。所有露天的攤商，都要遷就環境，馬公廟前大約有兩盞路燈，那是僅有的光，但不足以照亮一切，於是食物上桌總帶著朦朧。不過，所幸短暫的失落，幾乎就在食物入口後，迅即被填滿，尤其是燒烤，烤排骨、雞腿、魚等料理，烤物的表面香脆鎖住了內裡的多汁與軟嫩。

相對於其他在廟前營業的同業，葉家燒烤至今仍堅持使用炭火。相對於電烤爐，炭火溫度高，可輕易鎖住肉汁，但難以馴服的炭火，必須時時照顧，慎防烤焦，更添老闆忙碌。老闆通常一手掌握烤物的翻面與高低，一手還要處理炸物。明明店內人手不足，為何依舊堅持用最傳統也最費工的方式？令人費解。

我幾乎可以斷定，臺南幾間廟埕前小店的烤物，應該屬葉家程度最高，就以烤

夜色中，unplugged的原汁原味 馬公廟葉家燒烤

雞腿為例，你必須足足等上半小時，現在的攤家為求效率，不是先蒸要不先炸，只為貪那十幾分就能上菜的時效，或者速成的口感。而他們至今依舊嚴守舊法，挑選仿仔雞的雞腿，約莫八、九兩，從去骨開始，然後從生烤到熟，先是小火烤熟，後是中火烤出口感，中間噴上米酒去腥，上菜前才灑胡椒。你只能等待半小時，而老闆要用那半小時的時間，準備那賣你一百多元的雞腿，你想，誰比較划得來。

類似的堅持，還有店裡的冰櫃。相較於一般餐廳多半已用營業用透明電冰箱，清楚展示所有的選擇，而葉家燒烤，至今仍用傳統鐵製冰箱，放著一堆必須伸手去撈才知道的飲料。這些完全被冰水所包覆的啤酒接近冰點，喝了有令人滿意的暢快感。坐等料理時，一杯冰涼啤酒下肚，配上一盤鹹蚋仔，情緒得以緩和，一切的等待都覺得值得。但，何不用簡單方便的電冰箱，而使用每天還要加水當介質的傳統冰箱，我實在也不清楚。

不知道什麼原因，葉家燒烤的炭火爐與環境，都走 unplugged 風格，原因當然不是為了節能。合理猜想，這大概是四、五十年前開業時就有的習慣，幾代經營者只是按部就班地傳承下來。或者，就著廟前的環境，也只能在昏暗中用餐。我不清楚來此用餐的食客，是否有接住老店丟出的訊息。但在這間燈光略嫌昏暗的小店用餐，一切的一切，都回到味道的對決了。是種必須只依靠極致的味覺，征服食客的戰鬥之道。炭火成為一種絕命武器。

久等了！烤雞腿上桌了！吃上一口，心中亮起光，如暖陽普照大地，府城時光，這是幸福的一刻。

好呷ㄟ所在

馬公廟葉家燒烤

臺南市中西區開山路 130-1 號

實在的自慢之味

阿美飯店

我經常前往位在民權路上的阿美飯店，十幾年來，少說吃了二、三十回。一大鍋的砂鍋鴨是其招牌，臺南人喜歡帶一鍋回家，居家用餐立刻升級成大菜宴飲，因此，如同我家一般，許多臺南人家裡都留存有砂鍋鴨的空鍋，老闆不時抱怨要經常補貨，老客人建議店家，應該登報召回流落在外的鐵鍋。

阿美飯店是個重視過往傳統的老店，不僅交待自身的起源是蔡崇廉先生，餐廳內有許多陳列物，都是早年阿美飯店還在經營辦桌時的鍋碗盤。他們在民權路現址經營了半世紀，近期的翻修，把過往的歷史佈置於其間。我愛聽老闆說故事，那些物件讓阿美飯店宛如博物館。

我跟許多人一樣，愛吃砂鍋鴨，特別是濃郁的鴨湯與飽吸滋味

的豆腐。砂鍋鴨是阿美飯店還在經營辦桌時的招牌菜，堅持以炭火烹煮，過程必須仔細控制火候、添湯、攪動、加料。砂鍋鴨選用三斤半的嫩鴨，以大骨湯為底，蒜頭、扁魚、蔥酥為香料。鍋底加入兩斤半大白菜燜煮至熟爛，再熬煮三小時，最後加入金針、杏鮑菇、鵪鶉蛋、豆腐等材料。以前砂鍋鴨真的是以砂鍋盛裝，但幾十年下來，砂鍋陸續打破，後來就用鐵鍋取代。

不過，這三年來我開始轉移焦點，改吃另一道滋味更上一層的湯品——老闆推薦給我的白菜蟳。白菜蟳顧名思義是以白菜與蟳為基礎，兩者的甜味層次不同，本是合宜的組合。但老闆很厲害，以煸炒之法，讓薑丁在原有的辛香之外，引出微妙的甜味。處理薑須謹慎，要訣就是不能拍打薑丁，否則辣味一出，整鍋就前功盡棄了。

白菜蟳的香氣是依靠扁魚、蝦干與香菇等料材，微炸出香氣後，帶入湯鍋匯煮入味，一鍋帶有兩隻飽含蟹膏的蟳的神奇湯品就能上桌。白菜蟳貴在清甜但醇厚韻深、氣香但不帶燥味。一口入喉，存在感強烈，感覺秋冬節氣所賦予食材的優點，都融合入這口湯中了！這鍋湯，老闆稱為白菜蟳膏，既多了個「膏」，意思就很不同，意味著必須蟹膏滿滿。

白菜蟳不是阿美的主力商品，沒有被設計進那些搭配好的合菜宴席中，如果不預約也沒有機會品嘗。阿美的菜單很值得細讀，那些被定位為要預約、古早味的菜色，反映了阿美從賣什錦麵轉到香腸熟肉，再受到寶美樓一川師的影響，進而開始駕馭辦桌大菜的歷史。但是，那份菜單也說明了手路菜在當代遭逢的挑戰：白菜蟳費工，且品相好的蟳也不是那樣容易找；洋燒肉則被客人認為太甜，不符合當代口味；魯伴鴨則要耗費太多時間，不僅被人忘記，老闆也不太想做

了。菜單上的那幾頁，已經快要失去商品身份，成了歷史紀錄了！面對這些臺南老店，饕客得使上請求、拜託與誇讚諸般手段，老闆才願意把那些記憶中的美味，再次端上桌。

在我們快要失去這些味道的當代，店家與食客，應該是能做點事的。我吃阿美通常會從標明需要預約那幾頁選菜，每次選個一、兩道。老闆有時覺得費工，那我就盧盧看，幸運的話，老闆可能就有機會再做那道可能一兩個月才做一次的料理。我們是用這種供需關係的重建，讓技藝與味道傳承。

我喜歡從那些菜單裡，點一盤糖醋排骨。或許大家覺得納悶，何須到阿美吃糖醋排骨呢？阿美的糖醋排骨保留了福州菜的調味傳統，糖與醋和醬油，調和出層次分明、彼此對味的酸甜味，相較於最近二、三十年，加些番茄醬就搞定的糖醋排骨，味道層次立見分明。我喜歡看客人從一臉納悶，到入口後驚喜躍於臉上的表情，那才是糖醋排骨的滋味。

老闆最近跟我說當歸燉鰻非常好吃，湯頭清甜，鰻肉細緻。我想，白菜蟳的品嘗已經滿足，下次開始就來吃吃當歸燉鰻吧。

在講求奇觀飲食的時代，一鍋清湯白水的砂鍋鴨很不搶眼。我聽老闆講菜，經常聚焦於砂鍋鴨與白菜蟳，將餐廳的看板定位於湯，底氣要很足，要有一定的自信才行。阿美代現了臺南生活文化中，豐足且自信的品味。阿美是傳承三代的老店了，第一代的蔡崇廉，一九三二年出生，十四歲就在臺南的酒家學藝，之後曾去日本工作幾年。回臺灣後，一九六二年在中央市場作生意，以太太盧惠美之名，開設「樂美點心店」做起辦桌生意，平時則以賣炒鱔魚、八寶麵與白菜蟳米糕為業，也經常外送料理到飯店。一九七〇年代隨著中央市場的改建，店址搬遷到現址，改名為阿美飯店經營至今，一九九〇年代則交棒給第二代的蔡坤益與蔡秀山。

這幾年，阿美開始做起宅配生意，外縣市的朋友也能吃到砂鍋鴨了。本來以為這應該是擴展連鎖的先聲，但每次有機會跟老闆聊天，他都堅定表明不展店，即使有大型賣場與百貨勸誘，他還是不為所動。

蔡坤益表示，阿美飯店廚房一定是蔡崇廉傳下來的味道，那些功夫不是兩三年可以傳授，展店談何容易。其實，老闆近年的心思，不是擴展，面對後代就業於別途，他連阿美的招牌要如何繼續傳承，都覺得需要費心布局。

阿美飯店是間裝修新穎的現代餐廳，但廚房後臺一口一口整齊排列著的火爐，每天中午就開始慢燉著提供給晚上客人享用的砂鍋鴨。吃了砂鍋鴨之後，可以開始設定自己的攻略，或許你能嘗到那些樂美點心店時期就留下的味道。

不過，來吃阿美要記得帶足現金，他們至今沒有接受刷卡。我曾多次結帳前，才開始估量自己現金是否足夠，也曾經很糗的急忙跑去領錢。這也是老店的堅持，東西要吃得實在，分毫都要用在食物上。懂了這些，就會了解蔡老闆的自慢之味，都是那些最耗時費工，但外貌未必華美的砂鍋鴨、白菜蟳與當歸燉鰻。

好呷乁所在

阿美飯店

臺南市中西區民權路二段 98 號

味道裡帶著的不僅限於味道

阿標師的老派炸物

味道裡帶著的不僅限於味道 阿標師的老派炸物

「阿標師酒家菜」是間只接受預約，店裡只有兩張桌子的餐廳，位在車水馬龍的安南區北安路旁，相當不起眼。掌廚的阿標師，七十餘歲，廚藝生涯歷練過辦桌總舖師、臺南大飯店大廚等職務。大致上，臺南地區臺菜餐廳的大菜他都會做。

我吃了兩次，讚不絕口，該是刀工展現的，如肉米蝦，就要耐足性子，將所有材料切得外表不見其形，但彙整入口後各式食材又能各自彰顯。

阿標師很會處理酸甜互襯的味道，嚐起來像是福州風格，如有道滿州蝦餃，草蝦拍成薄片後包裹漿材，搭配略有醋味的湯頭，相當提味。或者肉米蝦直接用醋味帶出甜味，層次豐富。入口後，同桌友人都忘了社交禮儀，停止交談，安靜地把羹湯喝完。

味道裡帶著的不僅限於味道 阿標師的老派炸物

或如南靖雞，一鍋醬色湯水略多，看了讓人擔心，沒想到醬鳳梨的酸味，讓所有滋味變得立體了！那些經常以「全糖市」調侃或自嘲的食客，應該去吃吃阿標師，他的一齣大菜，撐出的甜味味譜，跨度驚人，層次豐富。

但今天最讓我感動的，卻是蒜酥五味魚。上次吃了五柳枝，本來只是宴席上總要有的一尾魚，而點了這道菜，由於是鱸魚，其實沒有太多期待。

但上桌後，讓我太震驚了！那尾魚被片得相當好看，連同取出魚肉之後的魚架，都被拍上細緻的薄粉。那只是簡單的地瓜粉，就能將炸物處理得如此精緻，無非是細細照顧，油溫定型各種細節都貫徹始終的結果。絕不是那些裹上酥炸粉，大火滾油炸得不成魚形的同款料理所能比擬。我光是看到這尾老派炸物，我就想著沒有助手的阿標師，是如何照應兩桌客人，還要把這尾魚從形狀到味道，都處理到令人感動。

阿標師已經七十幾歲，必須工作，但也只能用這樣的方式工作，手藝無人傳承，廚房始終一人。仔細一問外場跑堂者，才是老闆，原來也是阿標師的客人，吃到最後把店盤下來，付了足夠的薪水給阿標師。賞味者不忍好功夫被埋沒，我有資本應該也會做這樣的事。

在臺南，一桌宴席的構成，有邏輯有秩序。猛一看，大家相差無幾，不過，只要留意細節，你就能知道那些味道裡帶著的從來不僅限於味道。上次我愛酸甜味的互襯，今天我則喜歡老派炸物的風範。

味道裡帶著的不僅限於味道 阿標師的老派炸物

好呷ㄟ所在

日鮮市集

臺南市安平區永華路二段 363 號

鐵板燒的重量

紅象鐵板燒

第一次經過紅象鐵板燒，被停在外頭的重型機車——Yamaha的MT09——給吸引。在成大學區東豐路一排靜謐低調的房樓中，這輛將近九百CC、價格超過三十萬的重型機車，很顯眼。

鐵板燒曾在我年輕時的一九八〇、九〇年代盛極一時。吃一頓鐵板燒，有點儀式感，讓人感覺很尊榮，想來也是因為一個師傅，只專為幾個客人服務，而站在前臺的師傅，技術高超威風凜凜。印象中，國中時的朋友，後來有人就去鐵板燒餐廳當學徒。

紅象的老闆李偉豪，一九七六年次，十八歲時學習鐵板燒的因由，大概不出不喜歡讀書，又覺得當年流行的鐵板燒，很合年輕人的志趣而投身此業。

高溫與重壓是
美味的關鍵

他曾在臺南的知名鐵板燒工作，例如華平、上品、華新等店，後來鐵板燒景氣退燒，也在西式自助餐的廚房工作過。十幾年前，獨資創業回到鐵板燒的領域，開了紅象鐵板燒至今。問了老闆為何自己創業，他說鐵板燒可以跟客人說話聊天，是他的興趣。還說之前在餐廳廚房工作，最好不要說話，安靜做事最好，李偉豪覺得那樣的職場環境很悶。

第一次去紅象，也是老闆先打開話匣子，他抬頭問：「你看起來好像很累。」沒錯！那段時間，短短幾個月，寫了超過十萬字的稿子，日子過得相當煎熬，感覺正如那鐵板上的肉片。

吃鐵板燒，像是看表演，也像是場療癒之旅。第一次看見師傅在那塊鐵板上施展烹飪技藝，就讓人很療癒。師傅很會用那非常高溫的鐵板，輕易達成外焦內嫩的口感，不僅如此，煎肉煎魚時甚至還動用裝滿水的水壺加壓，讓虱目魚散

發濃郁的焦香味，肉質卻能保持鮮嫩，其他如牛小排與戰斧豬排、雞腿也都以此招數精心處理。

高溫高壓下，肉汁鎖於焦脆的表皮內，非常好吃。李偉豪說，他的鐵板有二點七公分厚，可以產生攝氏四百度以上的高溫，達到食材外香脆、內軟嫩的效果。

紅象連煎蛋方式都很特立獨行，荷包蛋既無法由上加壓，老闆竟以噴槍烤燒表面，做出焦香味，真是聞所未聞。看到這些被上下逼壓的食物，煎熬猶勝於我，心底的那點不痛快，都在用餐的過程中慢慢釋然。

這幾年，阿豪乾脆找了生鐵材質製作專門壓製食物的工具，高溫與重壓，成為紅象鐵板燒美味的關鍵。

近年來，鐵板燒已經大眾化，但許多店家只是把那片鐵板當作炒盤，許多客人也真的只點些炒肉片之類的食物，如此一來，鐵板特色無法發揮，不如去家小炒餐廳。能像李偉豪一樣，充分利用鐵板燒特色，完整發揮食材味道，這才是那片二點七公分鐵板存在的理由。

騎著重型機車，談話輕鬆和緩，卻能找出不同的技術，料理美味食物的李偉豪，才是站在鐵板前，最厲害的師傅。

好呷ㄟ所在

紅象鐵板燒

臺南市北區東豐路 251 號

篇貳 時光・記憶

宛如堂號

第三代與永記虱目魚湯

生活在臺南，隨處可見虱目魚料理，但有個系統特別容易辨識，料理方式與眾不同、出自同一家族，甚至大約都可以府前路為中心，大約都在兩側不出幾百公尺範圍內，店號分別是第三代、永記。它們都在清晨開始營業，約略在中午過後就休息，吃新鮮的虱目魚就適合在天剛亮的晨間。

包括已經歇業的天公廟魚丸湯，他們全都系出劉姓家族，戰後初期開始營業至今，已有將近七十年的歷史。剛到臺南生活的頭幾年，星期六清晨常趁著天公廟信徒尚未湧至時，嘗嘗一碗加了點冬粉的綜合魚丸湯，裡頭加了數種丸類、魚皮、魚肚以及最特別的生腸，讓貪食如我者，覺得能夠一碗吃盡虱目魚的精華。這家已經歇業的小店，或許就是劉家系統虱目魚店的原型，除了湯之外，再無其他佐配的小菜與飯類。

第三代與永記在此基礎上，增添了肉燥飯以及滷腸、滷蛋等配

菜。我通常點碗綜合湯，一百元，包括蝦丸、肉丸、虱目魚丸、生腸、魚皮、魚肚、燕餃等料材，一碗打盡所有好料。添點白胡椒與韭菜花珠，讓清湯更添加香氣，配上一碗肉燥飯，一天元氣在早餐時就已填滿。

說起劉家料理虱目魚的獨到之處，是將魚肚、魚皮與生腸等食材，裹上地瓜粉燙熟備用，為其最鮮明特色。裹上地瓜粉後，魚皮包裹著一層薄薄的滑溜外皮，增加口感豐富度，價格不算高貴的虱目魚，被妝點得有點華麗感。其他的食材更不用說，劉家的魚丸相當到味，魚漿下足、翻搗用心，打出魚肉的彈性與筋度，一顆顆魚、蝦、肉等口味，都能各自突顯的丸子，讓這碗魚湯更顯豐富。

然而，這碗虱目魚湯，雖以魚鮮為主，但美味的關鍵實在跟

善用豬骨高湯有關。永記等店家的湯頭，並不純用虱目魚，而是在魚骨外，另添豬骨熬製而成。不過，由於湯頭最終是要搭配海鮮，最忌湯頭帶上豬油脂，壞了魚鮮味，因此如何平衡豬骨與虱目魚的口感，妥為處理豬脂的濾除，最是關鍵。或許因為如此，這是碗能讓對魚腥極為敏感的人，也能喜歡的魚湯。

我也實在不知道，是誰的創意，讓生腸也加進了湯中，但爽脆口感，早已成了對這碗口感豐富的虱目魚湯的期待。我其實更不懂源自福州的肉燕，為何也被添了進來？根據第三代的老闆娘指出，添加肉燕是其母吃過福州人製的肉燕後，靈機一動，於是就利用店裡多出來的魚漿製成。

如果食客有心，可發現他們高度雷同，可輕易證明出自一家。於是，兩家店的虱目魚湯，就如同家族的堂號，味道成為辨識親屬的線索，效果如同族譜。

味道成為了
辨識親屬的線索

但我總是不解，裹上地瓜粉的料理方式並不複雜，要學也不難，加上兩家店家生意都不錯，為何沒人仿效？有次我在東門陸橋附近的巷弄中，看見一間裝潢略有講究、年輕人經營的阿忠魚丸，抱著姑且一試的心情前往，菜單跟永記等類似，口味也幾乎一樣，我還心生懷疑，或許有人見有利可圖，跟著將虱目魚裹上地瓜粉了。結帳時，我裝傻試問，年輕老闆答以「我的舅舅是永記的老闆，阿姨是第三代的老闆。」原來還是劉家的系統。

臺南美食的發展，有個可以家族為辨識的系統。如同將米粒煮到半開的阿憨鹹粥系統，說起來也都是同一家族之人。此些烹飪法也無專利，但營商者並不會因此複製，如法炮製大發利市，每想到此，便覺得或許這就是講求信用倫理的傳統文化。

兩家店的食物雖雷同，但經營風格卻不同，永記掌廚為一中年男性，耳聞他的

價目表
現有貨品隨君選配
魚丸湯
肉燥飯
魚肚
魚皮
粉蒸
肥腸
肉餃
綜合
110 70 70 80 80 8030 25 70
3月 日 星期日
休息1天
永記

學經歷驚人，是為了延續家業而掌廚。他通常身處成堆食材中，一切調理端靠他一人，相當有氣勢，圍坐於旁的也大多為中年以上男性。每天早上總見這群人進行「小組會議」，交換著大街小巷的各項訊息，永記最適合想要見識臺南美食人聲鼎沸場面的朋友。

而第三代則是女人當家，打小隊分工團體戰，店內清潔明亮，魚丸等食材都被依序保存於冰櫃之中。如果對環境格外要求，建議來此。她對於承繼家業有責任感，但也在傳統中力求創新，要求食物美味與健康兼具，因此改變調味料的使用，是她這幾年關注的事。

永記與第三代的差異，就如同家裡的幾個姐妹，長得很像，但個性不同。

對了，吃完虱目魚後，打個飽嗝，離開店時，記得帶杯傳統口味的冰紅茶。當然，兩家店都有，而且口味一模一樣。

好呷ㄟ所在

第三代虱目魚丸

臺南市中西區府前路一段 210 號

好呷ㄟ所在

永記虱目魚丸

臺南市中西區開山路 82 之 1 號

味道的時光膠囊

京園日本料理

存在於生活中的文化，並沒有真正被消滅這件事。味道也是如此，臺南的飲食，如同這座城市的歷史，曾經的清代臺灣首府、南方殖民城市、美國空軍駐區的身世，都留下了些味道的線索。

它與食客的依存、新文化的交會，讓食客與料理間，產生如同史家與史料的關係，什麼該留下？如何被選擇？一道道至今尚存的料理，如同被寫的歷史，它是屬於誰的臺南記憶？這種時刻進行著交錯與混雜的場所，很讓人感到興趣，京園日本料理就是那樣的地方。

臺南日本料理推陳出新的節奏，雖不如臺灣其他都會區，但家裡附近的銀座或如甘脂堂，大約也可以是近三十年來，臺南日本料理的發展縮影，前者由生魚片、壽司定調了日本料理的位置，但添加、融會了許多臺菜常見的料理方式。後者，則以如同置身日本高級料亭的服務，標榜來自日本的食材，一餐一人要費去三、四千元。

相形之下，京園日本料理價格親人，兩、三百元可飽食一餐。但來此吃飯並不輕鬆，因為這間餐廳線索太多，食物身世令人好奇不說，顧客與餐廳兩道生命史的交會，讓我吃這一頓飯，要關注太多事，常搞到我幾乎忘了到底吃了什麼？

五月某日，我的鄰桌坐了六、七位平均年齡七十歲以上的老太太。我才吃下第一片鮪魚生魚片，就聽到她們開始聊體質人類學，又說大英博物館，再說高中的事，最後聊了京園的第一代老闆。我只能認真聽，結果不知道整餐吃了什麼。由於實在太不輕鬆，所以要說在臺南吃日本料理，我還是比較常在魚壽司。

如果只有我一人，通常坐在吧檯前，那邊大約有六、七個座位，誰坐哪裡，通常有默契。京園吧檯前的位置如同進入陌生拜訪的歷史田野，沒有菜單、老闆等著點菜，不能態度從容說出要吃什麼，那一刻，會覺得此處無我容身之處的尷尬。

幾年下來，我是拉低那一區平均年齡的最幼齒者。曾在林百貨工作的石允忠，大正時代出生，九十幾歲，永遠坐在吧檯最左側的那個位置。之後是幾位七、八十歲的客人，五、六十幾歲的熟客，要扮演後輩的角色，要協助啤酒開瓶、收拾碗盤的工作，而我只能坐在吧檯最邊緣的位置。這些人，如石允忠先生，是七十年的老客人，一坐下來，只說兩句話，老闆就陸續出菜，如同回家吃飯。

休息中

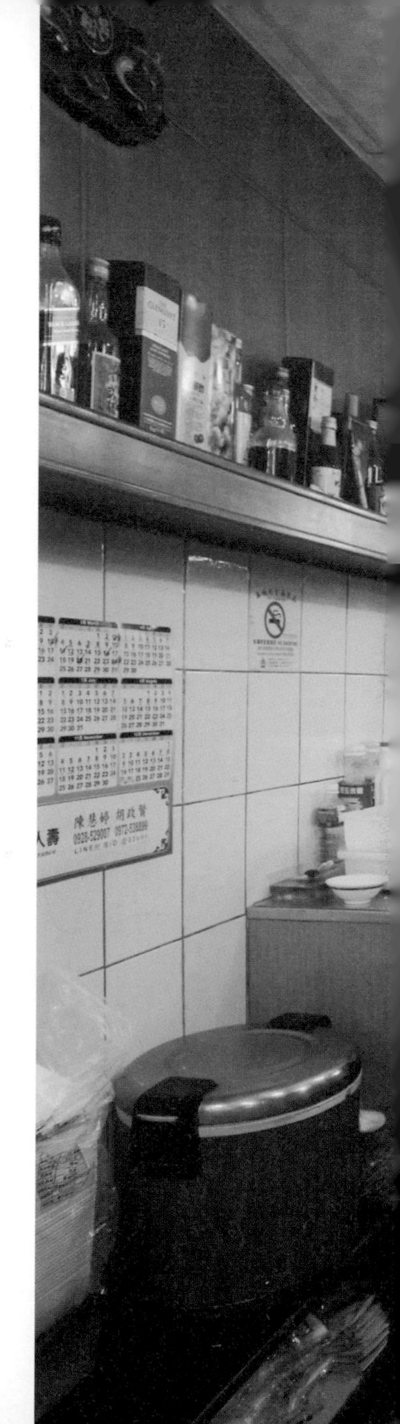

京園日本料理也是我進修臺南歷史的補習班。二〇一五年，終戰七十年，我聽到戰時臺南最豐富的故事，就是在此。那一晚，石允忠說到戰爭結束，回到了中斷聯繫許久的家，一見面他跟內斂的父親，擁抱著哭了起來。說到這裡，吧檯區有幾秒的時間，沒人能夠說出一句話。我聽得最多的，是戰後的頭二十年，葉廷珪、辛文炳當市長時的故事，對他們來說，蘇南成當市長還是最近的事。

京園日本料理已經開了六十幾年，現任老闆的父親是第一代，日本時代曾在洋食南方學藝，戰後則在都日本料理任職，因此而學會日本料理。自行開業後，最初在溫陵廟前的路邊攤，那時沒店名，後遷移至今忠義路現在瑜苑川菜附近，三十幾年前，遷至建興國中旁，二十幾年前遷到現址，現任的老闆從那時接起舅舅傳下的棒子。

京園的料理始終承接著創業者留下的和洋色彩，同時賣著生魚片，又供應蛋包飯，一點也不奇怪。戰後，駐臺美軍愛好他們的煎牛排與以火腿跟蛋為基調的中食。一九七〇年代末期美軍離開後，日本料理比重漸增，國人開始接受生魚片，但也必須為吃慣熱食的顧客，開發許多新菜色，臺式熱炒也在此上場。一位吃了幾十年的熟客說，第一次吃到炒烏龍麵就是在此。或者蒜頭蜆湯，其實就是為酒客解酒而生。

京園日本料理複合了西洋料理與臺灣料理，它的蔥肉捲用紅糟調味，而沙拉則用著每日現打的美乃滋、火腿絲，過往沙拉中甚至還加了罐頭白蘆筍，清楚的洋食身世，但今日它卻處在日本料理店中。有時，我想在晚餐時間吃點西式煎

蛋包，京園菜單中就有著オムレツ（omelet），還分火腿與蝦仁口味，很特別吧！

京園的菜單，經過六十年，變動不大，許多家庭客人已經是一吃三代了，因此，放連假時間，他們最不敢店休，那處已經成為家族記憶的一部分，失去了就不完整了，他們不想讓客人失望。有時會遇到年紀大的客人，因為家人不讓騎車，已經數年未來光顧，老闆常說，坐計程車來，車錢我出！京園是個聚集著味道和人情的時光膠囊。

我總是在第一瓶啤酒喝完時，會有點鬆懈的感覺。那時，坐在吧檯邊緣的我，看著一群熟客用著幾十年來的默契吃飯，吧檯內的老闆姊弟，一人捲著海苔壽司，一人切著高麗菜絲。老店的日常，安靜和緩而美麗，畫面如同是枝裕和的電影。

好呷ㄟ所在

京園日本料理

臺南市中西區府前路一段255號

留住最後的米香

後甲市場筒仔米糕

幾年前剛到臺南工作，永康眷村正準備拆遷，眷戶即將搬入新大廈。我本想來此收集眷村文物，但當時眷戶已有想法，因此婉拒了我們。最後，移植了許多正準備砍除的老樹，在眷村生活記憶的脈絡下。

幾年後，精忠三村已被拆除，包括平實營區在內，地上物已被清理一空，幾十甲的空地被用圍籬圍住，等待標售後開發。圍籬的另一側，則是後甲老社區，其中巷弄窄小、房子老舊。這片住了本省與外省住民的土地上，原眷村目前一片空曠荒蕪，社區則顯得陳舊。相對於對面中華東路上，有著開張三年餘的南紡大型購物商場，兩相對照，差異懸殊，也預示了這片老舊社區的未來。

舊社區中的後甲市場，本來是眷村與後甲里居民共有的市場，照理是熱鬧的，但因為社區老舊、人口外移，市場僅剩不到十個攤位還在營業。市場中最活絡的，是兩間家庭式製麵廠，每天一早忙著生產各種麵條，提供了附近打著外省麵招牌的店家所需。

在這座市場旁，臨近市場不遠的巷子內，左邊的地址屬於建東街，右邊的門牌則是裕農路，人車出入不多，卻有間筒仔米糕店，兩張小桌子，沒有招牌、沒有菜單，一九七〇年開店至今，營業超過四十五年，始終如一，只賣筒仔米糕與四神湯，售價各是二十元，物美價廉。

說起米糕，城內的落成、榮盛號、下大道等店，鼎鼎有名，都是數得出名號的老店，外帶時用竹葉包裹，更具傳統氣氛。他們的米糕，我也很喜歡，但有時也跟著近來吹起的府城文創風，一下標榜國宴，又說承載府城過往，表現澎湃氣度，小吃被弄得過於不凡，感覺就不再是日常口味了。

而這間筒仔米糕，是那種不需爭口碑，不用搶曝光的小店，她只專注做好米糕，就讓食客折服。老闆娘烹製米糕，多半使用貯存半年左右的糯米，無需浸泡，洗滌後直接填入筒仔蒸煮。之所以要用半新不舊的米，主要是放太久的舊米沒有新鮮穀香，新米水分又過多。半年的米，剛好，這是四十年前從她父親那邊傳襲下來的習慣。米糕調製沒有秘密，洗好的米，填入已經停產的紅土筒仔，產自鶯歌，說是能均勻分佈熱能，讓熟透的米粒得以保持Q彈口感。

米糕蒸熟後，上桌前，在整好型的圓柱米糕上，淋上一小匙肉燥，鋪上一層魚鬆，添上一塊黃色的醃蘿蔔，用最低的限度，在有著滿足口感的米糕基礎上，引向了脂香、鮮味、鹹醃等不同味覺的持續探索。其實這碗米糕，是很低調且尋常不過的日常味了。

我始終覺得，免除這些配料，米糕依舊吸引人。因為這碗低調簡單小食，留下了要成為舊米前，即將消失的米香。

是的，重點是即將消失的新鮮穀香。

在這間小店用餐，一餐飯的時間，三米小巷人車經過無幾，非常寧靜。一飯一湯上桌，食客很能享受這靜謐的時光。如果說一個人旅行，是要尋找一種沉澱，那麼後甲米糕店，是適合一個人、喚回平靜的小店。

只是，十幾公尺外，有條尚未鋪設完成的馬路，約莫十五米寬，直通嶄新的南紡購物廣場。這是否意味著，最後的米香即將消失呢？不出幾年後，消失的眷村的土地上，預期將矗立各種嶄新大樓。這樣的氛圍、如此的味道，還能保留多久？

對我來說，老闆娘堅持用半新不舊的糯米留住最後的米香，正如同老社區目前的處境，也只有體察整體社區所遭逢的外在環境變遷，才能珍惜這種味道。好不好吃，應該因著心境而生，而這才是美食的條件。

後甲市場 筒仔米糕

臺南市東區建東街 63 巷 17 號

緊密纏繞的臺灣與日本
Mr. 拉麵

生活在臺南，除了忙碌工作外，還要忙碌跑攤品嘗美食。其中，讓我相當覺得有趣的，就是幾間有傳統的日本料理店，這些傳承自日治時期，都已由第二或第三代接班的店，經營已達六、七十年，這些比一個人生命還要長久的老店，是追索著日本料理如何走向臺式風格的重要線索。

然而，流連在京園、富屋等店已近十年，我已聽過許多他們的父祖如何跟日本師傅學藝，也知道終戰離臺之際，日本師傅又是如何將技藝與營生器具一併寄託徒弟。此外，尚有太多的缺角，還未能拼湊，是哪個頓挫、何種機遇，讓你我都熟悉的臺式日本料理，逐漸形成。

一心想要接近
這塊土地的心情

最近，我從一位在臺日本友人的身上，感覺到臺日的交流、情意的交會，如何在臺南的土地上，焙出另一種味道。野崎先生，是最近兩、三年認識的朋友，原本在日本擔任記者，曾當選過民意代表，後來到臺灣發展，就讀臺大法律系博士班。

幾年前，他到臺南發展，開了Mr.拉麵，平價路線，口味道地，生意興隆。他也曾經營天丼店，店中提供的炸魚餅，一入口便知是生活在臺南最熟悉的食物——虱目魚。他選用了無刺的細條魚柳，捏製成餅，沾漿油炸。虱目魚的登場，頗令人會心一笑，或許這就代表著身居異鄉的日本人，一心想要接近這塊土地的心情。

野崎的拉麵店，顧客門庭若市，我偶爾會去光顧。他對拉麵定價頗見心思，覺得工作一小時，不能吃到一碗道地拉麵，相當不合理，所以野崎拉麵料材頗豐的基本款，定價不高於一小時基本工資。近來吵得沸沸揚揚的一例一休，許多資方還在觀望，野崎的拉麵店卻早已開始實施，也同時公告各分店均不漲價。

這幾年遇到他，常在臺日文化交流的場合，才知野崎常運用過去在日本累積的人脈，促進兩國親善。但他一直認為，臺日交流地位平等，臺灣不能覺得矮日本一等。

他跟許多日本人一樣，三一一地震之後，有感於臺灣對日本的支持，他認為身為日本人必須感恩，所以當他事業穩定後，他在臺大與成大設立獎學金，幫助有困難的學子。我的生活中，也不乏這樣的友臺日人，通常我對他們的友善感到親切，但有時遇到一昧誇讚日本統治臺灣的說法，常感到無言甚至感到頭昏，我們都知代誌沒那麼簡單。

有次日本行，我跟他同行，在櫻花已快凋謝的初春，漫步經過靖國神社，在這樣的契機下，他表示了解殖民統治的複雜性。那時，我感覺他想做的，是在這

種愛憎交織的歷史情感中，如何用真誠的行動，讓雙方的手能夠再牽起。

二〇一六年二〇六地震時，我在臺南永康維冠大樓災區進行資料收集與紀錄。那幾天，他每日煮了幾十碗的咖哩飯與親子丼，送到災區給需要的人吃。二〇一八年花蓮地震時，他從臺南準備了幾百碗拉麵的材料，一路開車到花蓮，提供給災區需要的人們，野崎說「不會忘懷臺灣人的恩惠」，所以他用回饋的心，讓這碗熱騰騰的拉麵在災區溫熱人心。野崎的拉麵，雖是日本味，卻懷臺灣心。

好呷乀所在

Mr. 拉麵

臺南市東區勝利路 54-1 號

找回失去的味覺記憶

欣欣餐廳阿塗師

如果用臺南幾間老牌臺菜餐廳，作為觀察府城這十年來的文化座標，那應該是再精準不過了。阿霞飯店在新百貨展了店，老店的菜色在服務與料理上，也不斷往精緻的路上走著，為臺菜賦予了新時尚。以砂鍋鴨聞名的阿美飯店，搬遷新址，撐過一段辛苦的歲月，那一排陣仗驚人、用著炭火炆焙的砂鍋鴨，煉出的久燉濃湯，就像古都的文化底蘊，真金不怕火煉。

而依舊座落在民族路上的欣欣餐廳，店面已見陳舊，排盤也不見新款，來客多是舊識，但因為至今仍由七十歲的老闆阿塗師掌廚，因此我經常光顧，是為美味佳餚，也為聽臺菜的故事而來。

一九四七年出生的阿塗師，出身飲食世家，跟阿霞飯店的前一代經營者，都曾是師兄弟關係，最初都是在興濟宮前擺攤。而他們都有著來自寶美樓一川師手藝的影響，綜整酒家菜與福州菜，進而逐漸構成這幾間臺南老臺菜餐廳的基本菜色。如同阿塗師拿手的炸醋

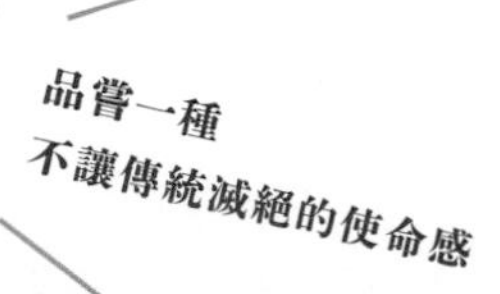

蝦，一點也沒用上醋。這道菜源出酒家菜，用臺語念時，相近於吃醋蝦的諧音，分明是酒家中，男女打情罵俏的嬉鬧後，所延伸出來的菜名。又如茄汁蝦，則應著應用番茄醬的洋食身世，這道料理其實就是番茄醬乾燒大蝦的意思。

阿塗師雖已是臺菜武林中的一方掌門人，但年輕時，有感於烹飪業太過辛苦，也曾想逃離江湖，脫離家族事業。服役之後，他曾浪跡臺北，但不過一、兩年，不敵家中召喚，回到了臺南，但依舊近鄉情怯。他先在家族餐廳附近，現在興濟宮對面的位置，租了間一、兩坪的小店，賣起魯麵與八寶米粉。一時之間，說起魯麵與八寶米粉，就阿塗師與保安宮口的老得伯最享盛名。

打魯麵、賣米粉的日子，生意雖好，但對於烹飪身手的精進，相當有限，加上家中事業也已到了必須有人接班的實際需要，阿塗師因此把年輕時早已耳濡目染的大菜，學習得更為熟練，掌起了家中餐廳。大菜的氣勢不同於八寶米粉，欣欣一張大桌子，只能擺個五、六道菜，因為每盤料理可說氣勢驚人，如同肉

找回失去的味覺記憶 欣欣餐廳阿塗師

米蝦出場，直徑超過五十公分的大淺圓碗，足供十幾個的大人食用。

阿塗師作菜很有明星架式，店裡的招牌菜之一南煎肝，常由阿塗師掌廚。經過五香粉輕醃的豬肝，過油後爆炒，烈火從炒鍋周圍猛烈竄出，只有經驗老道的師傅，能夠駕馭這道輕則過生、過則硬韌的豬肝料理。

除了講求火候的南煎肝，許多費工而早被放棄的手工菜也能在此品嘗，而必須事先預定的雞仔豬肚鱉，也依舊循著古法。你可以在欣欣餐廳吃到阿霞或者阿美也有的料理，例如五柳居、沙鍋鴨，但最初的傳統型態，可能只能在欣欣才能嘗到。

我在欣欣餐廳，吃過許多聽聞而未曾嘗過的味道，也常聽阿塗師說著幾間臺菜餐廳錯綜複雜的關係，如同人生，好的壞的都有。重要的是老了之後，放得下，讓自己往好處想，大家的感情才能依舊。

阿塗師是個極重營商倫理的經營者，阿塗師的哥哥阿村，原先也經營臺菜餐廳，後因故歇業，有回阿村的客人因尋不著阿村，因此來向阿塗師訂菜，阿塗師堅持不接受，並且幫客人找到阿村，在這個店家爭相搶客人的時代，阿塗師的氣度，很讓人佩服。

我最喜歡阿塗師說欣欣這二十年來的歷史。這二十年，欣欣的生意只能說持平，但也不能再突破，菜單中的菜色不斷減少，最後只剩下幾種搭配好的桌菜讓客人選擇。應該是在五、六年前，阿塗師看見了臺南文化觀光的榮景，加上不斷被鼓勵，阿塗師決定將老菜找回。

阿塗師很喜歡講古，赤崁樓周遭的一甲子歲月，我不知聽過多少次，外省人開賣陽春麵的新奇感，或者拳頭師傅街頭賣藝，都曾深刻地吸引著年輕時的阿塗師。通常這樣的人，或有一種不讓傳統滅絕的使命感。

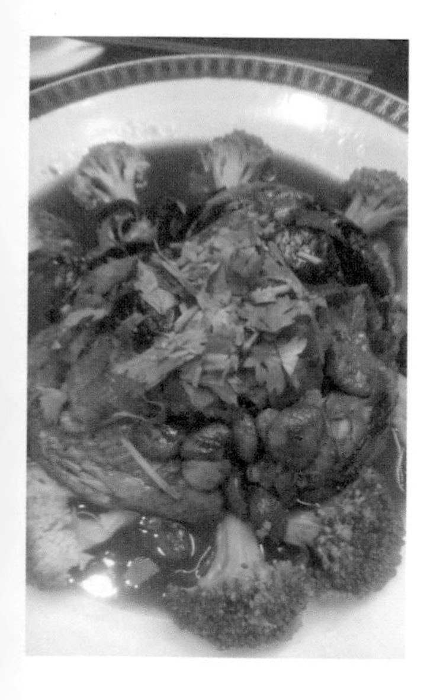

因為如此阿塗師重新將南靖雞、玉帶魚捲、沙鍋鴨等菜色，加入菜單之中，找回了失去的味覺記憶。我特別喜歡玉帶魚捲，那是用新鮮鱸魚片捲上魚漿，或者蒸蛋或者用於煮湯，都能感覺手工呵護下的魚片也有些不凡了。

我每次離開時，都喜歡在一樓櫃臺旁，跟他說上幾句，有時他從廚房走出，剛炒完豬肝滿身大汗，腳步已略嫌遲緩的他，馬上坐下，實在太累。那時，他往往會說，他下次要煮八寶米粉給我吃，那是他出道的成名作，但未曾出現在餐廳的菜單中。

阿塗師的七十年歲月，曾經放棄八寶米粉，走入臺菜大菜之林，重新找回八寶米粉，放入欣欣的菜單，或許就如同近二十年，我們重新認識自己、瞭解臺灣一樣。阿塗師，我一定要吃八寶米粉。

好呷乀所在

欣欣餐廳

臺南市中西區民族路二段 245 號

一粒粽子長成花園

海龍肉粽

許多人經常造訪的神農街，二〇二三年端午節前夕開張了一座新博物館。那是有名的海龍肉粽的第二代們，共同發願而設的海龍花園，一處講述肉粽家族故事的博物館。

位在神農街六十四號的博物館，是他們的起家厝。不，應該說，房子內某處兩坪的小空間，是戰後初期海龍一家人開啟的肉粽生意的居所。兩坪大的空間裡住了一家七口，後來海龍得以成為這棟房子的主人，就是靠著一顆一顆肉粽賺來的。

辛海樹出生於一九一九年，海龍是他的小名。「海龍細漢艱苦時，賣油炸粿來維持」，後來在飯桌仔當學徒，學會油湯生意。一九四〇年，海龍跟陳玉女士結婚。一九四二年，長子辛久雄出生後未久，海龍就到菲律賓當軍伕。在一首講述「海龍落南洋」的歌詩中，提到了身陷戰場的海龍，四處走避時不慎罹患瘧

靠著一顆肉粽而起家的故事

1946 海龍肉粽 創立
1942 長子辛久雄 出生
隔年(1943)海龍伯 徵兵 打仗

家7口的生活
2坪小房間

海龍小吃80年

單位:cm. Scale 1/1

疾而「那寒那熱骨頭酥」。

一九四六年，戰爭結束後，海龍回到臺南。在三兄的幫忙下，於水仙宮口做生意，「縛粽起造一家庭」裡就呈現了這段白手起家的過程。說到粽子的特色，「真材實料閣厚工，菜粽肉粽無相仝，菜粽月桃才會芳」，相對於後來海龍專賣粽子一味，早期的海龍，賣過鹹糜、土魠魚羹、豆腐羹、澎風豆湯、米粉炒，冬天時也賣過烏魚米粉。

海龍夫妻倆勤奮工作，善於做生意，能熟記舊客喜好，並善於在食材價低時進貨。海龍的生意於是日好，本來兩坪大的租屋居所，「前棟二樓買代先」後來又買後棟，靠著「縛粽起造一家庭」。

海龍肉粽生意興隆時，聘用了二十幾個夥計，一群人就在寬闊的天井縛粽，粽子煠熟時，厝內都是粽香，那段時間海龍肉粽是二十四小時營業。

一粒粽子長成花園　海龍肉粽

海龍花園用了「海龍肉粽」、「海龍小吃八十年」、「水仙宮市場與海龍小吃遷徙史」等單元，娓娓道出了海龍肉粽的故事，直白而真誠。

飲食經常牽涉龐大商機，許多人經常喜歡把食物拉扯到悠久的傳統或者依附於名人，那些多出來的神話故事、典故傳統，就是一道菜如何從兩百賣到兩千的關鍵了！

海龍的孩子們，為了紀念雙親而萌生築造一座博物館的想法。海龍夫妻都沒有受過教育，但辛家子女八人之中，六人在教育界服務。

這群子女，有志一同想講父母的故事，一是感恩雙親，二是紀念父母打造家族的歷史，直到現在辛家子女依舊經常在起家厝歡聚。博物館開幕那天，辛家人圍著一張桌子而坐，包裝送給賓客的肉粽。

我在臺南吃飯，食物味道裡混雜的故事，都是具體的職人生命史或家族史。許多人不在乎這些故事的可有可無。而食物的故事裡，更經常缺乏一種記敘的傳統，於是許多無名的味道，終其一生，始終無名。

海龍肉粽是一位戰後餘生的臺灣人，如何靠著一顆肉粽而起家的故事。海龍花園，是一座把辛家、肉粽、水仙宮與神農街當成主角的博物館。

海龍花園由劉國滄建築師協助打造，李武昌老師在室內安排了許多園藝植栽，整個空間生機盎然。我們經常用「一粒麥子」的故事，講述生命的奇蹟。但海龍伯的故事與孩子們的感恩，我們是不是也看見一粒粽子宛如種子，落地八十幾年後，最終長成花園。

在海龍肉粽的故事裡，沒有屈原的身影，一粒粽子長成的花園，只有土地與人情餵養育成的臺南味道。

好呷ㄟ所在

海龍肉粽

臺南市中西區金華路四段 134 號

再見了，
大頭祥海鮮店

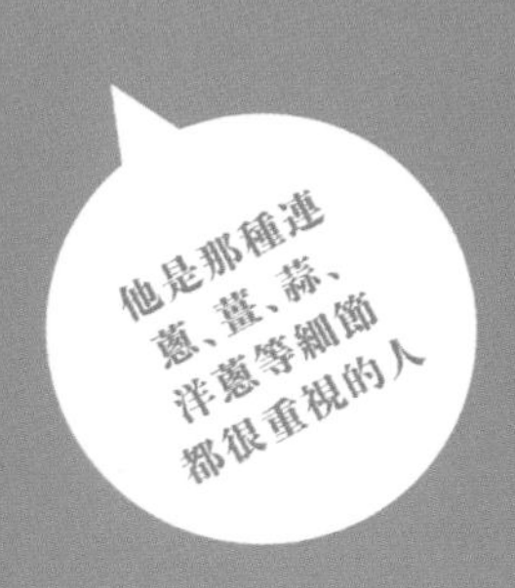

位在臺南市府前路復興市場中的大頭祥海鮮店，是間特別的路邊攤。白天的復興市場有著些許的沒落，早上開市攤商也不過十幾攤，有時對街肉燥飯的客人，都比市場中的買菜者還多。晚上，市場靠近府前路這一側，反而因為魚壽司與大頭祥海鮮店等兩間店，為這座市場的夜晚，帶來了為品嘗美食而來的人群。

事實上，遷居臺南八、九年，我很少上所謂的餐廳吃飯，除了偶爾為了聽故事，會到京園、富屋等日本料理餐廳吃飯外，我比較常去幾家深藏不露的路邊攤覓食。其中，大頭祥是我最常去的幾間小店之一。

但在去年十月左右，大頭祥突然無預警歇業，只貼出「身體大修中」的告示，大家因此知道他身體微恙。只是，最近改貼一紙「讓」字的告示，讓人覺得略感不安，為何經營二十幾年的店會這樣收手。

直到今天，才從隔壁魚壽司老闆娘的口中得知，大頭祥已經過世，死於舌癌。因為沒有病徵，也沒感覺不舒服，因此得知罹患舌癌時，已進入三、四期，病入膏肓難以藥醫，拖了幾個月就不幸往生。享年五十六歲。

這件事之所以讓人特別不捨，是因為大頭祥海鮮店不論就食物味道與經營風格，都如同府城臺南一般，很具風格，特別吸引像我這樣的新府城人，對我來說，這間店提供了一條味覺路徑，得以讓我深探這座古都的文化精髓。

據大頭祥的太太表示，十幾歲時，大頭祥就在以炒鱔魚聞名的赤崁學功夫，約莫在三十幾歲、手藝練就時，就自力門戶。開業時，以綽號大頭祥為其店名，店址也從未變動過，那年是一九九一年，算一算，也是接近二十五年的老店了。而這麼長的時間所練就的廚藝，讓我始終認為他的炒功，在臺南無人能出其右。

一般來說，大頭祥下午就會到店裡備料，他是那種連蔥、薑、蒜、洋蔥等配料細節都很重視的人，所以他的備料，從切菜的細節做起，過程完全沒有助手。接著，為求保鮮，他會在接近營業時間，才開始鋪排漁貨，於是，有時漁貨根本不及擺出，客人就接續上門。因此，常有一整晚擺放漁貨的冷藏盤架上，都一直處在未完工狀態。我想起第一次來此用餐時，就是憑著冷藏盤架上，一袋一袋未及拿出的新鮮漁貨，以及盤架上一隻隻活跳跳的沙蝦與鳳螺，我就認定這店一定不簡單。

大頭祥應該是太累而積勞成疾。大頭祥海鮮店通常生意鼎盛，但全店員工，就大頭祥跟她太太兩人，所以熟客多半自動自發，除了烹飪與洗碗之外，什麼事都能做，擺碗筷、端菜上桌、收盤子都常由客人自理，有時店旁經營將近四十年的紅茶攤老闆娘也會出手相救。因為他們夫妻倆，通常忙到焦頭爛額，根本無暇分身。

這樣的忙錄光景，一直要到半夜兩、三點打烊時，才能稍歇，只是此時的他，通常必須再到水仙宮市場去挑選漁貨。大頭祥賣的魚，絕無養殖的魚、甚至連網撈的魚也不是主流，比較常見的都是手釣的深海魚。這樣的採購過程，要精心計算，購置的魚種、魚量、魚價，與適宜烹飪方式、各種不同客戶需求間的關係，因此採購的時間，通常要再耗去一、兩小時。

於是，大頭祥挑完漁貨，回到家中，多半剛好清晨。但要命的是，他是棒球迷，回家時有時遇上美國職棒現場實況轉播，便又開始看棒球，如此再耗去幾小時，可以睡覺時，有時已過了十點。為了晚上的營業，大頭祥在下午兩、三點必須起床，先是到水仙宮把寄放在魚舖冰存的漁貨帶到店裡，之後到店裡工作，這是他一天的開始。從睡覺到起床的時間，通常只有四、五個小時。

大頭祥的生活，就這樣過了二十五年。

我最近幾度回味在大頭祥用餐的美好經驗，想起每次只要一入座，自己張羅好碗筷，喝下第一杯冰凍到大約只有兩三度的啤酒時，那一刻，我往往感覺一天因此而愉快。大頭祥是連啤酒的溫度，都設想周到的人。

當然，大頭祥之所以能被一群死忠的客戶圍繞著，最基本也最簡單的理由，就是食材新鮮、廚藝過人。話說府城的消費者，嘴巴很刁，臺灣各地諸多路邊攤海鮮店，常標榜一盤一、兩百元，並且以各種促銷手段，鼓勵食客喝酒，以賺取更多利潤。但這樣的店，所用漁貨多半為冷凍品，因此必須添加極多的辛香料與調味料。這樣的店，通常在臺南很難得到老饕的青睞。

大頭祥相當重視食材，我因為從小釣魚而練就的識魚經驗，了解大頭祥的魚，絕沒有不好的魚，被他看上的漁貨，大多是手釣的深海魚。其他像是冷凍如橡膠般口感的鳳螺，或者對岸進口的銀魚，他也一概不賣，所有食材都以新鮮為原則。

即便像是扮演著釣出味道的調味料，也頗為講究。大頭祥所用的胡椒粉，就是請復興市場後巷的中藥店調配。靠著這味胡椒粉，才得以襯托出了烤豬心、烤鴨舌的絕佳香味。

再說大頭祥賣的生魚片，一年四季雖非天天有，但只有唯一種類，不是進口的鮭魚，也不跟著流行採買黑鮪魚，而是新鮮捕獲未經冷凍的鮪魚。這樣條件的鮪魚，不靠豐厚的油脂滋潤味蕾，而靠著新鮮Q嫩的口感，以及滿滿的海潮味，征服饕客。

食材好並不等於價格昂貴，而是不同價格的魚，都要能選到當季鮮貨。如同大頭祥常有價格昂貴、但鮮度滿分的手釣深海魚，但手頭有時略緊的我，因為嘴饞也會點上一尾紅燒皇帝魚。相對野生石斑、馬頭魚來說，皇帝魚的價格並不貴，但鮮度卻從不令人失望。

大頭祥的精湛廚藝甚至能將一份幾十元的炒飯，炒出獨樹一格的風味。一般來說，炒飯講求粒粒分明，但大頭祥的炒飯，卻是濃濃的燉飯風，他的炒飯略像蝦仁飯，但多了些炒過的鑊氣。這道功序將豬油與些許醬油炒到乳化狀態，並與米飯交融，最終讓每顆米粒都飽含著香味，維持著溫潤的口感。點綴於其中的幾尾手剝蝦仁，讓這道配角米食，從最不起眼的配角變成耀眼主菜。

大頭祥的廚房，大約兩坪大，兩口快速爐，催熟一整晚的美味，調味料就在爐火旁，而食材都在轉身的材料桌上。始終令人好奇的是，大頭祥海鮮店，竟沒有烤爐，因此大頭祥的烤物，都是用炒鍋乾燒時的熱度烤熟，此點至今仍令我覺得不可思議。

我最常坐在離廚房最近的位置，欣賞大頭祥掌握強烈快速爐火的技藝。例如，要在二、三十秒內炒到恰到好處的鱔魚，必須是爆裂的火，加上鍋鏟與鍋子的搭配作合，讓每塊鱔魚又脆又嫩。那樣的烹飪歷程，造就了看似衝突卻又平衡的口感。又例如，我每次必點的一道菜——乾燒鮢鰮魚頭，更能展現大頭祥幾乎無可挑剔的炒功。

不新鮮的魚頭，為了去除腥味，只能加入過重調味，因此，鮢鰮魚頭必須新鮮，魚肉才能有彈牙口感，也最好飽含膠質。大頭祥的烹煮魚頭技藝，始於用蔥薑蒜炒出香味，繼之加入醬料與食材下鍋同炒，此後就是蓋鍋收乾醬汁的過程，最後起鍋前的胡椒辛香味，又為這道菜增加豐富的層次。

當這道菜端到我眼前，一塊魚頭入口，魚皮的胡椒乾香，與軟嫩鮮甜的魚肉並存的口感，讓我打從心底讚嘆大頭祥對於火候大小與悶燒時間的巧妙平衡。這樣的廚房，當然炙熱無比。每當我看見烈火中、舞弄在鍋子與鍋鏟裡，跳躍的食材時，那個掌握一切的人，整個晚上，額頭的汗，從來沒有停止過。

大頭祥是一間只有四、五張桌子的露天海鮮店，沒有冷氣，沒有穿著制服的服務人員，一次大約只能招待二、三十個客人。它緊鄰著府前路，大多數的時候，不見車水馬龍，在此用餐頗能感受古都的和緩步調。往西三十公尺處，有間點著紅燈籠的燒烤店，時常被觀光客擠爆，所幸那些食客不識深藏不露的大頭祥。

大頭祥的客人，估計還是以常客居多，但大多時候大頭祥多半沉默。除了點菜時討論魚蝦食材與煮法，以及用餐結束離開時，問候一、兩句之外，他幾乎不跟人說話，或者說他根本沒有時間跟人說話。大多時候都只是幾個眼神的交會，就能知道今天菜色的水準。

倒是打理外場服務的太太，即便忙碌，但卻總能和客人寒暄幾句。她是不擅言詞、個性老實的人，因此短暫的交談，往往出於真誠的關心，如同她最常問起的，都是我家小孩的近況。我常覺得在大頭祥用餐，有著如同在家吃飯的閒散感覺。

大頭祥的料理，有著清晰可辨的臺菜傳統滋味，也有著源於府城的澎湃氣勢。如同他的紅燒魚，捨番茄醬，取自傳統五印醋、醬油、糖的調和風味，而滿滿的「菜腳」圍繞著鮮魚，一大盤一上桌就感受滿滿的盛情。

而最近幾年，打著古都府城的名號，文創風盛行，在許多賦與老屋新生命的新店鋪裡，未必真能捕捉府城文化的真正底蘊。真能深深吸引我的，也始終還是像大頭祥海鮮店這樣的路邊攤，它讓人真實感受古都的飲食文化中，滿溢的人情味、閒散的生活感以及世代傳承的歷史感。

類似這樣的店，面臨結束的那一刻，我常感到遺憾。如同去年赤崁樓附近最不起眼、但卻擁有府城最為可觀的飲食人文景觀的「石精臼肉燥飯 泰山飯桌」，因為店東年邁而結束營業時，我其實悵然若失了一段時間。對我來說，因病突然離世的大頭祥，讓人感覺知己遠去、文化消逝。

一直到現在，晚上行經大頭祥海鮮店，看著暗黑的店面，強烈的失落感依舊。承接的新店東，無論廚藝是否精湛，但一定是一段與之無涉、另起爐灶的文化積累了。

因為，我的臺南記憶，已經為大頭祥海鮮店留了個特別的空間，持續悶燒、繼續美味。

好呷ㄟ所在

大頭祥海鮮店

已歇業

日常・味道

篇參

餐桌上的府城

沙卡里巴基明飯桌仔

我應該未曾帶過朋友到臺南的飯桌仔吃飯，實則它跟大眾認知的府城小吃，蝦仁飯、碗粿、牛肉湯、虱目魚等，無法有太直接的聯想。而對於遊歷府城一、兩日的觀光客，府城小吃多半清楚明晰不需辨識，但飯桌仔匆匆晃眼一過時，十數樣的肉、魚與食蔬，乍看無異於自助餐，因此被輕易放過，也算是極為正常的事。不過以我的體驗，飯桌仔卻是府城文化薈萃之所在。

府城以飯桌仔型態營生者頗多，近來赤崁路民族路上的福泰飯桌，生意特別好，食物品質樣樣到味，目前堪稱府城飯桌第一。之前則是泰山飯店的場面最為震懾人，因為料理都用一口口的木炭火爐保溫，料理方式從簡易清蒸到繁複醬燒，更包括許多辦桌菜手路的大菜。但此店已隨著兩年前老闆退休而結束營業，一整店的炭燒肉香魚鮮，也因此煙消雲散。

一菜一味一色，
而且講究切工細緻

沙卡里巴基明飯桌，相形來說較為低調。許多人到沙卡里巴用餐，可能是為了阿財香腸瘦肉，也可能是為榮盛米糕，總之來此的客人多半屆中午，基明飯桌仔已準備打烊收攤，殊不知最隆重的饗宴已在清晨上演過。或者週六日造訪的觀光客，也一定無緣品嘗，因為他們的營業日只限週一到週五。

早上約莫六點就開始營業的基明飯桌仔，大約備有十種青菜，搭配兩三道肉食，但重點在於十來樣的魚料理，都選用新鮮當季的海魚，出自本港，絕無遠渡重洋的冷凍貨色，如鱈魚或鮭魚，十足體現減少碳足跡的時興理論。春天時，有時會遇到最後一批的春子、三牙，細嫩的魚肉最能搭配春天。而秋季之後，肥美的鯢魚上市，總讓人想每週準時去報到。

說穿了，飯桌仔提供的是有如居家飲食的飲食型式，幾道菜一碗飯，但細細體會，他們其實就連炒一道菜，都顯得很用心。基明飯桌通常不會透過配菜來讓料理增色，相反地，他們的菜，炒得極為純粹，一菜一味一色，而且講究切工細緻，一口一食，搭配極好。當然，那一定要能搭配食材的特色，才足以襯托。舉例來說，春夏時節的綠竹筍，由於質地纖細，因此切成大約薯條粗細，而纖維較粗的麻竹筍，則切成細絲狀，不同切法，都根據了食材的特色而決定。除此之外，府城的飯桌仔，就算一碟蒜炒空心菜，一塊煎成四方的蔥蛋，都是一菜一碟，不相混雜，純粹獨立，可感受其細膩的講究，一碗飯搭配三、四小碟菜，豐盛感隨即提升。這點大致為府城飯桌仔的共同特色。

這家飯桌仔只提供白飯，不供應肉燥飯，應該也是特色之一，不過只供應白飯倒是可跟食蔬與魚鮮間產生更為純粹的關係，未必是壞事。其次，他們沒有魚丸湯、魚肚湯等其他飯桌仔的標準配備，他們只供應免費清湯——一碗根本已超越免費概念的魚湯。

沙卡里巴基明飯桌的免費魚湯，都是蒸魚與煮魚時熬出的湯，識門道的常客，有時會提醒店員，不要虱目魚清湯，要石斑魚湯。清湯上桌前，店員通常會將

非工作人員
請勿進入
敬請見諒

湯加熱至燙口，投入些許薑絲，入口鮮美，與白飯的純粹相襯，一飯一湯就已足夠。我有時甚至會覺得這碗附贈清湯，才是整頓飯的主角。

我最喜歡的飯桌仔型態，是飯桌為眾人開放，也要讓士農工商都能消費得起才行。一般來說，蔥燒三牙、清蒸石斑，一份就是百來元，一個人一餐的餐費超過兩、三百元，稀鬆平常，但若非中產以上人士，這食物是無法當成尋常吃食的。不過，飯桌仔主人很會變出花招滿足眾人，例如白帶魚盛出的季節，一段煎油帶，大約八十元，但於此同時，他們就將白帶魚頭做成蔥燒口味，一份十五元，白帶魚頭沒什麼魚肉，一般常被丟棄，而蔥燒又很費工，這麼做其實有著惜物的美德，更讓阮囊羞澀者，也能輕易享受一頓飯桌的排場。

飯桌仔顯現的府城文化，常能透露出這座歷史悠久的古都，講求細緻排場的一面。裡外兼備的府城文化，也無法接受華而不實的食物上桌，當令新鮮是第一要求。而令眾人皆滿意的價格，更可見烹調者如何費心思的安排，期望讓士農工商各取所需。

飯桌仔中的一碟一味，面面俱到，最能表現出府城的文化。

好呷乀所在

沙卡里巴基明飯桌仔

臺南市中西區友愛街206巷6號

宛如晨光的煎蛋包

阿和肉燥飯

放假日常有機會到博物館繼續工作，這樣的日子，我通常起得很早，像是對一天特別有期待，然後進市區好好吃頓飯，找間也才剛開的店，吃飯喝湯，配上幾碟小菜。這段時間的臺南，節奏舒緩，非常適合漫遊。我因此也常勸造訪臺南的朋友，應該放棄千篇一律的飯店早餐。

我最常流連的地方，大約在府前路一帶，光是從復興圓環往府前路走，五百公尺之內，各具特色的店，就有阿和肉燥飯、山記魚仔店、第三代虱目魚湯。山記魚仔店特色是供應論兩賣的深海漁貨，第三代虱目魚湯則是家族傳承的味道，別創虱目魚烹調的特殊風格。而阿和肉燥飯如同飯桌，供應十數樣小菜，包含幾道蔬食，因此營養均衡，最適合我們這種年齡的人造訪。

像是安然若定的樂團指揮
掌握著全場節奏

店主阿和年輕時在復興圓環旁的飯桌店學藝，後來自己開業。阿和肉燥飯供應香腸、滷腸、滷虱目魚頭、三層肉、滷蛋、香煎土魠魚與肉魚等，也備著高麗菜、洋蔥、絲瓜、筍絲、白花菜等蔬食，以我長年觀察，這些簡單的食物，每道都有水準以上表現。

湯品則有生魚皮、裹上薄漿的熟魚皮、肉羹、魚丸、魚肚、魚腸，以及各種現煮鮮魚。琳瑯滿目的菜色，令貪食好吃者，稍不留意就會點滿一桌菜。

類似的飯桌，營業時大多菜色已備，阿和的店，有五、六個店員，多半負責送菜跑堂，除了幫忙添飯淋肉燥，其他供餐配料的事，全由阿和一手處理。店內運作全靠他，像是安然若定的樂團指揮，一人掌握全場的節奏。

我固定只點幾樣菜，肉燥飯本就該是被選定的，配上一碗湯，通常是魚皮加上魚丸，或者是魚肚。奢侈時則會來碗�魚湯，通常會配上一碟青菜，高麗菜、絲瓜皆可，然後，固定有顆煎蛋包上桌。

我永遠會用那顆荷包蛋，搭配肉燥飯。阿和的煎蛋包通常一顆一顆疊起，成為一座小塔，可見供應量之大。只要看看別人餐桌，大概可知只要是熟客，一定必點煎蛋包。這道最不起眼的小菜，每顆都煎到六、七分熟，整顆飽滿，劃開蛋黃處，濃稠汁液，拌入飯中，拌勻和食，幸福感倍增。

我最常在清晨七點左右到訪，那時太陽剛從

宛如晨光的煎蛋包 阿和肉燥飯

東邊的天空露臉，微涼溫度逐漸被照暖，那顆煎蛋包也因此被照耀得格外有生命力，成為清晨之必須。於是，我應該是在阿和肉燥飯，找到一種可以讓人舒緩醒來的食物——暖陽下的煎蛋包與肉燥飯，才讓我在假日的清晨，醒得特別早。

好呷ㄟ所在

阿和肉燥飯

臺南市中西區府前路一段 12 號

虱目魚的格調

開元路無名虱目魚

清早吃虱目魚，應時又應味。此因肉質細嫩又清甜的虱目魚，很適合空了一夜的腸胃，讓人的身心慢慢甦醒。

我吃虱目魚，是到臺南後才養成的習慣，對於虱目魚品嘗的能力，乃至於市內虱目魚的料理派別之辨識，也是後來的事。其中，劉家系統的第三代、永記、川泰號等，提供虱目魚各部位綜整的品嚐。再如阿憨與阿堂等，則將虱目魚作為鹹粥之基底，搭配出米粥與魚鮮的融合關係。而有時到學甲吃永通虱目魚，會被那單純乾淨的味道，給震撼了！

另外，如開元路無名虱目魚者，則是單純以賣魚肚、魚丸、魚皮湯為主，佐以肉燥飯的店，此類型光是市內就不知有幾十間。不過，說起臺南虱目魚料理，

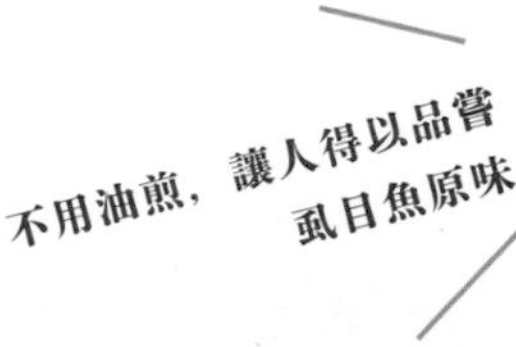

不用油煎，讓人得以品嘗虱目魚原味

最特殊的品嘗經驗，則是在七股外國塭中的外國安，獨處於魚塭之中的外國安，標榜全魚可吃，沒有吃過虱目魚生魚片的可來此品嘗。

雖說臺南虱目魚料理流派眾多店家林立，但開元路無名虱目魚卻是我最常造訪的店。一大清早的開元路，頗為熱鬧，通勤車流不斷。賣魚的小店，也是如此，約莫十張桌子、三十個位置，總是隨時保持在八、九成滿。它所提供的食物，很單純，不過就是魚皮、魚丸、魚肚等三種交互搭配的湯品，加上肉燥飯，菜單上有一項魚腸，但我永遠都看到魚腸品項下，掛著「賣完」的牌子，想來八點才來已是太晚。

這店沒有燙青菜、沒有煎魚肚、沒有油條。但這簡單的幾項，已夠店中十來位店員極為忙碌，後頭熬煮魚骨高湯的大鍋，始

終開著中火煮著。負責魚丸與魚皮的店員，熟練地將手中的魚漿擠入將滾未沸的熱湯中。跑堂的四、五人全場穿梭，相隔數公尺的店鋪則是他們用以炒煸肉燥的地方。而店中的核心，則是兩大鍋高湯以及幾口小鍋，負責烹調出幾種湯品。

簡單的幾種料理，在清楚的料理原則下，將食材的特質發揮到極致。魚肚湯價格略高，一定用魚骨高湯，用小鍋現點現煮，湯的鮮甜更上一層，上桌只加點薑絲，如果是點用魚丸、裹了魚漿的魚皮湯，則要補上些許韭菜花珠，添些香味。此些原則絕對清楚，大致上就是能讓食材特性可以發揮為目的。

小店料理單純不過，不弄油煎，倒是讓人得以品嘗虱目魚原味。眾所皆知，虱目魚雖有野生，但我們在店中所吃都出於養殖。三十幾年前，我常在七股西寮出海釣魚，那時虱目魚與豆仔魚

尚有淺坪塭養殖。淺坪塭通常淺於一公尺，目的是透過光合作用產生餵食虱目魚的藻類，低密度養殖的淺坪塭，人為介入很低，讓虱目魚有足夠活動的空間，因此印象中吃過的的淺坪塭虱目魚，肉質略帶藻味，魚肚油脂並不特別肥厚，有計畫的養殖淺坪塭，現在已經很少，市場上更是以不可見，大概只有漁村人家日常餐桌上還有機會品嘗。

現在的主流，以深水池混養虱目魚與白蝦為大宗。養魚的關鍵在於養水，深水池養殖通常餵以飼料，多餘飼料可被白蝦清除以保水質乾淨，更為認真的養殖者，甚至用上微生物調整水質。這類的養殖，一但失控，池底土髒、水濁，高密度養殖下的過度用藥，缺乏活動空間而導致魚肚脂肪不均匀分配，最終上桌的虱目魚，甚至讓人感覺有點髒，非常可怕。

開元路的虱目魚，店中油腥未沾，敢於推出原味的虱目魚讓顧客品嘗，其實來自於店家對於提供的虱目魚極有自信，這應也是屬於營業機密之一環。我曾經開口問過魚出何處，有些店員答以不知，狀似老闆者則說鄉下，正解始終未曾獲致，只知是主流的深水塭所養。

開元虱目魚的魚肚品質，很能見得老闆挑選虱目魚的能力。品嘗虱目魚光是吃出牛奶味，可說是未及深意的體會。我極推薦魚肚湯，魚肚油脂分布均勻，薄薄一層，配上不管是細緻，或有時略帶微微乾柴的虱目魚肉，平衡感極好。開元虱目魚的肉質相當乾淨，印象所及一碗魚湯上桌，至今未曾嘗到土味與腥味，讓人忘了虱目魚的養殖身分，彷彿以為這是來自大海的海潮之味。

事實上，過去大家認為虱目魚是粗俗的魚，只配得上低廉的身價，然而近年來得力於養殖技術的提升，虱目魚品質有所不同，價格也隨之水漲船高，開元路無名虱目魚，正在示範這尾臺南之魚，不同於以往的格調。

好呷ㄟ所在

開元路無名虱目魚

臺南市北區開元路 313 號

粉腸原是嬌貴身

復興市場真真滷味

前幾日到復興市場，車嬸紅茶攤休息一日，她必須去自由路園裡，摘取與處理桑葚，為張羅這一季要賣的桑葚汁原料而準備。而在同一時間，魚壽司的老闆，可能正準備用新鮮花枝搥打成花枝丸。賣愛玉的阿姨，也才剛把今天要賣的愛玉洗好等待凝固。已近中午，他們都不必慌忙備料，因為這處除了老顧客之外，沒有太多觀光客流連。

這座市場在一九八〇年代改建完成時，生意鼎盛，攤商爭相擺攤，但是最近十年，市場已經沒落，如今，一個市場不到十攤，冷清市況可以預期，市場已有三分之一變成停車位了。而讓人好奇的是，既然沒有生意，那留下來的，依靠著什麼生存呢？

仔細一看，所餘攤商如同賣魚者，攤架上雖有海魚七、八種，但實則專精於將蝦丸做好，一小包五十元，與市場外對面路上的阿和肉燥飯供應的丸仔湯同款。常見許多人丟下一百元，

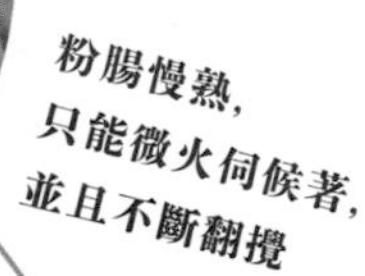

拿了兩包丸子即走，一看就知熟客。而我有時光顧的真真滷味，也是如此，滷豆干海帶、炸紅燒肉等，鋪整開來，但我幾乎不曾購買，我來真真滷味，只為粉腸而來。

粉腸是臺南香腸熟肉攤必備的一道菜，各家功夫不一，有的添了紅糟，有的留著原色，有的喜歡將豬肉切角填入，各家各有堅持，擁護者也喜好不一。我之所以特別喜歡早上到真真買粉腸，是因為店家通常在此時料理。

我特別喜歡等待那一鍋滿滿的粉腸，在未及滾開的熱水中煮熟的過程，看著掌廚者不急不躁地翻動攪弄。製作粉腸必須把小腸洗淨，腸壁雜質刮除，保留薄薄的腸衣。填料就以豬肉、番薯粉，加上紅糟添色。烹煮粉腸最要留意的地方，是用熱水煮熟的過程，大鍋水滾，下粉腸後，轉為小火，控制水溫不能過沸，雖然番薯粉與豬肉都易熟，但只能微火等待著慢熟的粉腸。在此過程中，必須不斷翻攪，

腸衣膨脹處須盡快刺洞，讓空氣排出，以免腸衣脹破內餡溢出。老闆說，這動作是製作粉腸的關鍵，失敗了只能便宜賤價賣掉。粉腸原來如此嬌貴。

真真滷味的粉腸，很適合在這初夏悶熱的日子品嘗。粉腸放涼後，蘸上店家提供的蒜泥醬油膏，配上一口新鮮薄醃泡菜，適合午後吃一小碟，再加上一瓶啤酒。如同在地中海小島上，一杯白酒配上一小碟醃橄欖，不過就是這樣的情調。

真真滷味就以一味粉腸行走江湖，每一起鍋，通常都有十幾斤，放滿一竹籠，可見饕客多半為此而來。真真滷味目前已是第二代接手，最初是在一九六〇年代開始營業，看盡復興市場的起落，只有粉腸是不敗的贏家。

我喜歡真真滷味的粉腸，因為在真真滷味的粉腸中，可以看見一種經歷半世紀時光，將手作視為日常，每天半小時的細膩對待。從爸爸傳給兒子，彷彿兩代人只為製好粉腸而生，這樣的食物，怎會不好吃。

生活在臺南十年，日子過得相當豐富，因為光是市井商販教我的就已太多。如同看似破敗的復興市場，就有著好幾攤堅持傳統手造的好滋味，足以讓人體會堅持執著的職人精神。在我看，這只剩下六、七家攤商的復興市場，也可說是府城文化匯聚地之一。換句話說，臺南生活，引人之處，遍地有之。網站介紹、名人推薦、節慶操作，大家聽聽就好，往市場鑽，朝巷子去，那裡才有府城的好日子。

好呷乀所在

真真滷味

臺南市中西區府前路
一段31號(復興公有市場)

府城美食拼圖

清子香腸熟肉

食材必須新鮮不說，更要特別費工處理

倘若只有幾小時，又想吃喝、又想遊歷府城，那麼從古蹟赤崁樓與武廟一帶，沿著民族路到國華街沿線周遭，可以是最為精省的路程。也由於如此，假實力與真本事的攤商，那一帶都特別多，只是有些真本事的攤商不擅包裝，很常被輕易錯過。那段三百公尺的路程，最後吃了什麼，是否踩到地雷，真是要各憑造化。

我會在早上的泰山飯桌，吃碗有炭燒味的肉燥飯，只可惜它已在幾年前停業，於是福泰飯桌成了我的首選。宵夜時間嘴饞時會來碗擔仔麵，至於午後的點心時間，我則常來清子香腸熟肉，選點幾樣清燙後冰鎮的切料。

臺南的香腸熟肉攤，我也常去阿魯與阿財兩間。阿魯的規模最大且生意最好，老闆忙到持拿菜刀的手，就算刀下無料，依舊節奏明快地切著。如要在臺南找個朝之酒場，十點就開始營業的阿魯，可為最適宜之處，但也因為如此，此處的顧客多酒客吵，喧嘩聲雜。價格實惠的阿財雖也是名店，但人龍不絕，要有排隊準備。

香腸熟肉攤，通常備有二十餘種食料，鋪滿一櫃很有豐盛感，常年如夏的府城，最適宜這種不燥熱不油膩的食物。當然，也有朋友說香腸熟肉攤很難點菜，一堆只被燙熟的食物放在攤架，沒有菜單完全考驗已很少親見食材的現代人，我確實也常見不識豬的肝心舌、生腸小腸大腸頭不能辨的客人。

位在赤崁樓旁的清子香熟腸肉，是我最常去的店。她的生意並不特別好，來者幾乎都是熟客，隔鄰就是傍晚開店的石精臼牛肉湯。牛肉湯這幾年地位大大提升，因此總有許多外地來的客人，劈頭就跟清子點食牛肉湯。摸清頭緒後，來客望了一眼櫃中滿滿食材，不知如何下手，迅即尷尬離開。

但對於熟客而言，清子的香腸熟肉有著無法抗拒的魅力。我曾遇見專程從北部返南參加喜宴的熟客，趕赴宴會前，來此吃了整整一大盤的切料。對他來說，出席宴會送紅包，是為了表示禮貌善盡人情，要說是吃東西，還是不能騙自己，自在地吃著香腸熟肉，絕對是件痛快的事。那天那人，打著飽嗝離開赴宴時，我真也開心地笑了出來，如是我，也會做一樣的事吧。

香腸熟肉攤中，料理多是水煮後蘸醬而食，不過若因此而低估香腸熟肉可說大錯特錯。因為沒有醃料掩護，不用辛香料轉移，食材必須新鮮不說，更要特別費工處理，因此香腸熟肉業者總要花上許多時間備料。

清子香腸熟肉一天營業七、八小時，看似尋常，點用時不過切成適當份量便可上桌。倘若這些食物都跟中盤商取貨，香腸熟肉的生意其實頗為輕鬆，但如是連費工的粉腸、豬肺糕、香腸與蟳丸也是出自自家之手，全數食材烹製備齊就要耗去不少時間。幾年來，我每次都向清子阿姨問一點聽一點，想要知道店中食物如何美味，最常聽到的答案是只用新鮮的食材，然後費勁地清洗，例如豬的腸肚，要以白水滷透後品嘗，費工洗淨是唯一途路。

值得特別一說者，尚有豬肺糕與粉腸，粉腸人人都吃過，但清子的粉腸，豬肉多番薯粉少，因此而灌成的粉腸紮實飽滿，完全不同於一般以番薯粉為主的市售粉腸，最值得一試。此外，已經很少人做的豬肺糕，則是在洗乾淨的豬肺中灌入番薯粉漿後，入滾水煮熟。此物價格極廉，但頗費工，願意在現代繼續守護著這口味，多半都已將此費工之事視為慣習。所謂傳承，或許就是在這種也找不到不做的理由的狀況下延續著，成為日常。

七十幾歲的清子，已在每日備料的日常中，度過一甲子。十幾歲跟著父親經營香腸熟肉的清子，原是在石精臼廣安宮前做生意。那時沒店號，熟客都叫她清子，二十年前，搬遷到現址，才有了清子香腸熟肉的店號。一甲子的光陰，清子香腸熟肉看守了赤崁樓一帶的歲月變遷。我常見許多臺南人，扶老攜幼三代

府城美食拼圖 清子香腸熟肉

共聚，來此吃上一餐，每見於此，我總覺得老店的價值不僅僅只有傳承美味。

香腸熟肉的好處，是可在琳瑯滿目的食物中，點選其中極愛的幾道，且不消三分鐘，豐盛一盤就在眼前。我總是在往清子的路途中，便開始盤算吃些什麼，有時才剛計畫好，但遇見一櫃好料，又經常改變主意，香腸熟肉時常考驗著我對食物的信仰是否堅定。

我的清子菜單，一般大約都是如此的，我不會錯過糯米灌製的大腸，倘若更餓時，我會再來點米血糕，然後冰鎮過的

白蘿蔔。以此為基礎，可以隨意點選香腸、蟳丸、小卷、豬耳朵、粉腸等，每樣食物都是幾口，兼顧了墊胃的主食、取其新鮮的小卷、重手工的香腸與蟳丸，一共六、七道，約莫兩百元，就是滿足豐盛的一餐了。

由於香腸熟肉多以白煮食材蘸醬而涼食，各個店家均以醬油膏為基底，加上其他調料，顯其各自特色。清子香腸熟肉就加上蒜泥、醋與香油，絲微酸醋之勁的引動，讓食材特性被釣出、被顯現，是清子香腸熟肉沾醬的最大特色。

我總是樂於跟朋友推薦來到臺南不能錯過香腸熟肉，這不僅有著白煮食材不過於油膩的好處，實在還是在於六、七樣各具特色的食材，拼成一盤，如同一幅美味加總的府城美食拼圖。

好呷ㄟ所在

清子香腸熟肉

臺南市中西區民族路二段248號

解憂小吃店

建國點心城

每位造訪臺南的人都曾困惑，胃就這麼大，美食這麼多，僅有的一兩天，到底要吃什麼？有沒有一處好地方，能將臺南小吃一網打盡。事實上，臺南也能有一店之中，提供四、五種具代表性的臺南小吃的餐廳，但，顧此失彼難以周全。於是想要吃盡美食，別無他法，只有勤快走動。

十年前剛到臺南時，被美味的食物給打動，許多個晚上都忙著在各個攤商間跑動。跑久了，也覺得累，便開始留意是否有那麼一處，可以讓愛吃如我者，滿足食欲。

一次就將府城美食拼圖拼好拼滿

我後來在民權路上找到建國點心城，終於讓常處在抉擇中的我，迅速找到答案，因此近十年來，大約有超過百次的早餐是在此解決。位在民權路、開店九十年的建國點心城，位在新建國戲院對面，因為民權路名原為建國路而得名。在我定居臺南的這十年，新建國戲院是播放色情片的戲院，客人都是

白髮的老年人，而這幾年已呈現歇業狀態。民權路的那路段，除了人氣很旺的冰店之外，並不是觀光客涉足之地，建國點心城左右的店家，都是只有本地人會去的店，因此建國點心城是可以逃避洶湧人潮的安靜樂土。

我們一家四人通常會把店中所供食物點足，蝦仁肉圓、碗粿、芋粿等，配上肉羹或者魚丸湯，外加酸梅湯，早先幾年還有紅茶，各來個一、兩份，就是滿滿一桌了。臺南的蝦仁肉圓、碗粿、芋粿各有擅長的店家。光是一碗碗粿，響噹噹的店家，就有富盛號、阿全、小南等，茂雄與友誠常被認為是蝦仁肉圓的名店，但建國點心城卻能將每樣都做到水準以上毫不含糊。

於是，這間免於被觀光人潮佔領，卻能將臺南小吃的精華表現到位的小店，就成為能以平常心感受臺南小吃的好去處了。若干臺南小吃近年來努力經營，發揮文創建立品牌，很能迎合遠道而來的客人對於臺南美食的想像，由於如此，我未曾帶朋友到建國點心城用餐，因為這不在大家想像臺南美食的範圍之中。

這間九十年的店，如同一頁蘇家家族史的書寫，目前是第三代老闆的女兒在持店，之前的幾十年，分別由祖父、伯父與父親傳承經營，他們用味道傳承家族史。原初他們在東門陸橋附近做生意，那處被俗稱為光華村，附近許多學校如光華女中、長榮女中、長榮中學、臺南一中等，高中青年男女下課後會在此聚會，吃吃點心，再分頭去補習或回家。或許因為如此，點心城才供應酸梅湯與紅茶等年輕人愛喝的冰飲。大約近五十年

前，東門陸橋蓋成後，就搬到現址。我初聽此段歷史，暗地一驚，因為我向來害怕學校附近的食物，因為踩過太多地雷，能閃則閃。建國點心城或許算是異數吧。

能將芋粿、蝦仁肉圓、碗粿等臺南看板美食都表現到位，是要付出代價的。目前的經營者就說，老闆其實是她父親，只是父親都始終忙著在廚房準備食物才沒在店中見著人影。事實上沒錯，除非另外跟人進貨，要不自己料理這幾樣食物頗費心思。建國點心城的芋粿用了足量的肉燥、蔥頭與芋頭簽，只添了為讓食材黏著的極少量粉漿，因此芋頭的口感完整且香味十足，是我認為臺南最好的芋粿之一。炒香醬油或入米漿的碗粿，投入口感十足的肉塊，有著跟其他名店一樣的好味道。作為看板料理的蝦仁肉圓，只要不放棄使用火燒蝦的一天，就會持續美味。三種小吃匯聚，一下子就將府城美食拼

圖拼好拼滿。

或許是因為實在過於忙碌，建國點心城的三種食物，共用了一味偏甜的醬料，因此，善用桌上的新鮮蒜泥與芥末，能進一步賦予料理不同的特色。例如肉圓添點芥末，碗粿則需要蒜泥，芋粿原味最好。末了，一杯酸梅湯，倒是很能解解臺南食物特有的甜膩。

如果你也曾跟我一樣，困擾著在臺南要吃些什麼，建國點心城或許就像是間解憂小吃店，讓人一次就滿足對府城美味所有的欲求。

好呷乀所在

建國點心城

已歇業

為街坊鄰居而生
可口小食

居於臺南九年多，因為工作關係，許多地方甚至走得比府城人還深入。如同鎮北坊一帶的總爺街、白龍庵、三山國王廟，是追尋清代府城軍事重鎮、潮汕移民的重要線索，幾年來應該走過不下二十次。通常我們都從西門路轉進北華街，進入這條不過五米寬的曲折小巷，極少外地人涉足於此。

小巷裡有間大約經營了四十幾年的租書店，因為近二十年來店東看起來忙於跟同好演算數學公式，店中之書皆未更新，頗多已可入博物館收藏。有間麵店，也總是門庭若市，每次經過我總是特意觀察了這兩間店。另外，則是經過不下十次，今天終於造訪的可口小食。

靠著一口快速爐營生的可口小食，只賣炒飯麵之類的食物。以番茄醬調味的炒紅飯，或可選擇炒入肉絲或蝦仁，以沙茶為基礎的豬肉或牛肉飯麵，則可炒成燴式與炒式。其他湯類，多與府城一般小店無二致。早幾年，還會在三山國王廟中聽到潮州話，潮汕移民的文化，或許已經透過味覺生根府城，可口小食的沙茶味，或許就跟這些潮汕淵源有關。

可口小食就開在五米小巷中，顧客大多是街坊鄰居，跟我們鄰桌用餐的老先生，坐下來一句話都不用說，未久，沙茶豬肉燴飯就已端上。敢以一口快速爐行走江湖，當然是有真功夫的，約莫已經七十歲的老闆，拿著長柄的鍋鏟，在烈火中，節奏明快地作合著鏟與鍋，食物轉眼就熟透。

一端上桌，蝦仁紅飯與沙茶豬肉燴飯，一看就知道基本功好。沙茶豬肉燴飯，菜料與豬肉量極多，徹底把白飯淹沒，肉嫩而不柴，芥藍這配角也講究，斜切成小口，使得肉、菜、飯的融合感極好。蝦仁紅飯則無具體主角，考驗的是在火燒蝦仁不炒過熟時，蛋要炒香，番茄醬要能炒勻，也要馴服過於突顯的酸味。結果如何我就不說了，吃炒飯的兒子，說什麼也不把自己的炒飯跟人交換，由此可知其美味。

說起炒飯，我也覺得奇怪。這幾年，臺南頗流行茶餐廳，不過此些店，大多廣州炒飯與乾炒牛河等基本款都炒不好，幾乎已到了吃一次，就失望一次的地步了。反而，在類似可口小食這樣的小店中，炒碗飯麵很少讓人失望。

這樣為街坊而開的老店，佇立在北華街已三十幾年，老闆夫妻倆都已七十幾歲，他們在一九七〇年代時，原在延平市場開業，賣牛肉爐與海鮮等，酒客眾多。那時高速公路正在興建，包商與工人是常客，因此生意興隆，但酒場客人簽帳頗多，黃湯下肚時，態度多半阿莎力，酒醒後，帳單送到眼前時，卻又推拖拉。最後這看似風光的海產攤，勉力經營了九年多，結束營業時，竟還有一、二十萬的帳未能收回，老闆於是回到老家現址，小本經營。小巷中，不適合賣酒水，不適合賣海鮮，就這樣幾樣炒飯麵賣了三十幾年，還是鄰居好，忠實捧場不倒帳。

光顧可口小食的客人，一旦入坐，一杯冰涼的傳統紅茶，用著玻璃杯裝著，已迅即端到桌前，不管你幾個人、點了幾份炒飯，一人一杯，這是老闆的待客之道。而那一份炒飯，不過六、七十元。不管你喜不喜歡甜膩的紅茶，但這如同奉茶的待客之道，你都會因此而開心喝下。

大叔酒場

雅雯古早味

生活在臺南，雖說牛肉湯、菜粽、肉圓道道美味，但也不是天天得以品嘗。相對於府城美食早、中餐各有焦點，傍晚小吃也能製造高潮，晚餐的選擇相對來說，普通許多。

我在臺南晚餐的選擇，一般就是在家附近的幾家店輪流，有的標榜清淡健康，有的則是色香味美。提供家常菜色的雅雯古早味大約每個月都會去一次，如同其店名，我正是貪其食物有著古樸的尋常而來。我最喜歡鹹醬瓜蒸虱目魚肚，鹹酸的醬瓜平衡了魚肚的油膩感，魚肉的鮮甜滋味反而被凸顯，那跟油煎虱目魚肚是完全不同的層次。

這是間只有兩張圓桌、兩三張方桌的餐廳，店中料理無大菜，都是尋常家常菜，但菜料乾淨，烹飪方式不花俏，封肉、燒豆腐、煎魚，幾樣當令炒青菜等，都是常見菜色，

物美價廉
用著大叔熟悉的方式烹飪

正適合用那麼一餐，讓忙碌的一天，重回尋常。對於很難每日下廚的雙薪家庭而言，如何用一頓飯，得以讓一日中，唯一家人相聚的時刻，充滿滋味，好好吃頓飯，其實很重要。

不過，在這間小店吃飯，有時並不怎麼愉快，因為總有一群平均年齡六十歲上下的大叔，流連在此，他們吃飯常大聲嬉鬧，加上擲骰子喝酒，如同置身年輕人聚集、殺氣很重的啤酒屋。讓下班之後，只想圖個安靜的我，有時甚感不耐。

大叔為何愛來這間店？理由其實很簡單。這群人社會閱歷豐富，口袋或然有點錢，但嘴巴很刁，食材不實在，樣樣過油、重醃的東西他們不愛。年輕人愛去的海鮮攤，雖然酒價便宜但菜色品質不佳，這群識途老馬也完全無動於衷。

所以，只有物美價廉，用著他們熟悉的烹飪方式的雅雯古早味，才是最愛。這群大叔頑皮如同小夥子，一陣嬉鬧後，三分醉意，三番兩次衝著老闆雅雯直呼

小蘭，大叔不知那時想起的又是哪間店的哪一人？

他們聊天盡重複講著年輕往事，覺得很「風神」，同伴總是捧場，聽再多次也一定再笑一次，這些事，或許在家裡，兒孫連聽都不想聽了吧。許多在家裡，一定被太太、兒女禁止的食物，香腸、封肉等，在這卻是一盤接一盤地上桌，大夥吃了開心極了。

這些大叔常常一坐就是一晚，根本不可能再翻桌，但雅雯也頗為認命，好像對待家人一樣，無論好壞，總要讓人好好吃上一餐。有時想著，這群人或許在家裡一個樣，在外又是另一張臉，能夠讓他們的嬉鬧開心吃喝的地方，或許只有這樣的古早味了。我有時覺得雅雯古早味，應該可定位為老男人的社福機構。

今天，四位大叔圍著張圓桌，點了近十道菜，明顯吃不完，原來他們是要等雅雯忙完一起吃飯，雅雯連同廚師兩人一坐，剛好一張圓桌，大家吃得開開心心，

好像這樣才圓滿。煮飯的老闆好像客人一樣地上桌，大家有遇過這樣的事嗎？

雅雯古早味，想必填滿的不只是大叔們的胃吧。

好呷乀所在

古早味的小廚房

臺南市東區長榮路一段202號之1

石斑魚的滋味

饕客鮮魚

府城人愛吃魚、能吃魚，是我對臺南飲食文化最初的印象。青年路與民權路口的永吉經濟快餐，是間生意很好的便當店，每到吃飯時間，排隊的人龍常長達十公尺，全因他們的魚料理多達七、八種，烹製功夫一流，鮮度讓人滿意，很合臺南人的胃。事實上，臺南人吃魚極為刁鑽，對於在地魚、冷凍魚、野生魚、養殖魚、時令魚、進口魚的分辨很是清楚，什麼品質？值多少錢？每個人心中都有道共同的標準。

有了這樣的標準，我喜歡在臺南吃魚，花多少錢，能吃到什麼，心中都能有個底，在魚價飆漲的今日，很需要這種對魚的共識。我最常在臺南吃虱目魚，也常在福泰飯桌上吃到許多當季的鮮魚。但論起高檔的魚料理，品嘗野生石斑魚絕對讓人回味無窮。我常在臺南吃石斑魚，通常是在一間名為三響、現

專賣二、三十斤以上的石斑，多為手釣漁獲，絕無養殖魚

在被稱為饕客的店，那是間專賣一支釣法捕獲的石斑魚料理店。

二〇一五年九月，原在法華寺附近的三響鮮魚停業了，由於常去光顧，已成家中生活不可或缺家庭餐館，一家人頗失落。後來，收到line訊息，三響店東透過電話找到了我。老闆的新店，回到十幾年前，做黑鮪魚料理起家的自宅，位處仁德，緊鄰六米小巷，全店只有四張桌子。老闆做了十幾年生意，換了四個地點，大路旁、小巷內熟客依舊能跟上。

已改名為饕客的三響，由老闆陳先生跟他太太兩人經營，賣的是鮮魚鍋，專賣二、三十斤以上的石斑魚，多為手釣漁獲，絕無養殖魚。搭配其他料理，約莫十幾種菜色，兼賣手工水餃，不能說豐富，料理也不細究擺盤，只是老闆對食材要求高，就像他們總愛賣相不漂亮、煮熟後紅殼總有點灰白的蘆蝦，蘆蝦蝦肉Q彈口感，蝦味濃郁，絕非市場主流的白蝦可比擬。兩個夫妻純樸而認份，白天空檔時，多半利用時間包水餃，從處理高麗菜到拌料、清理蝦仁等，都不

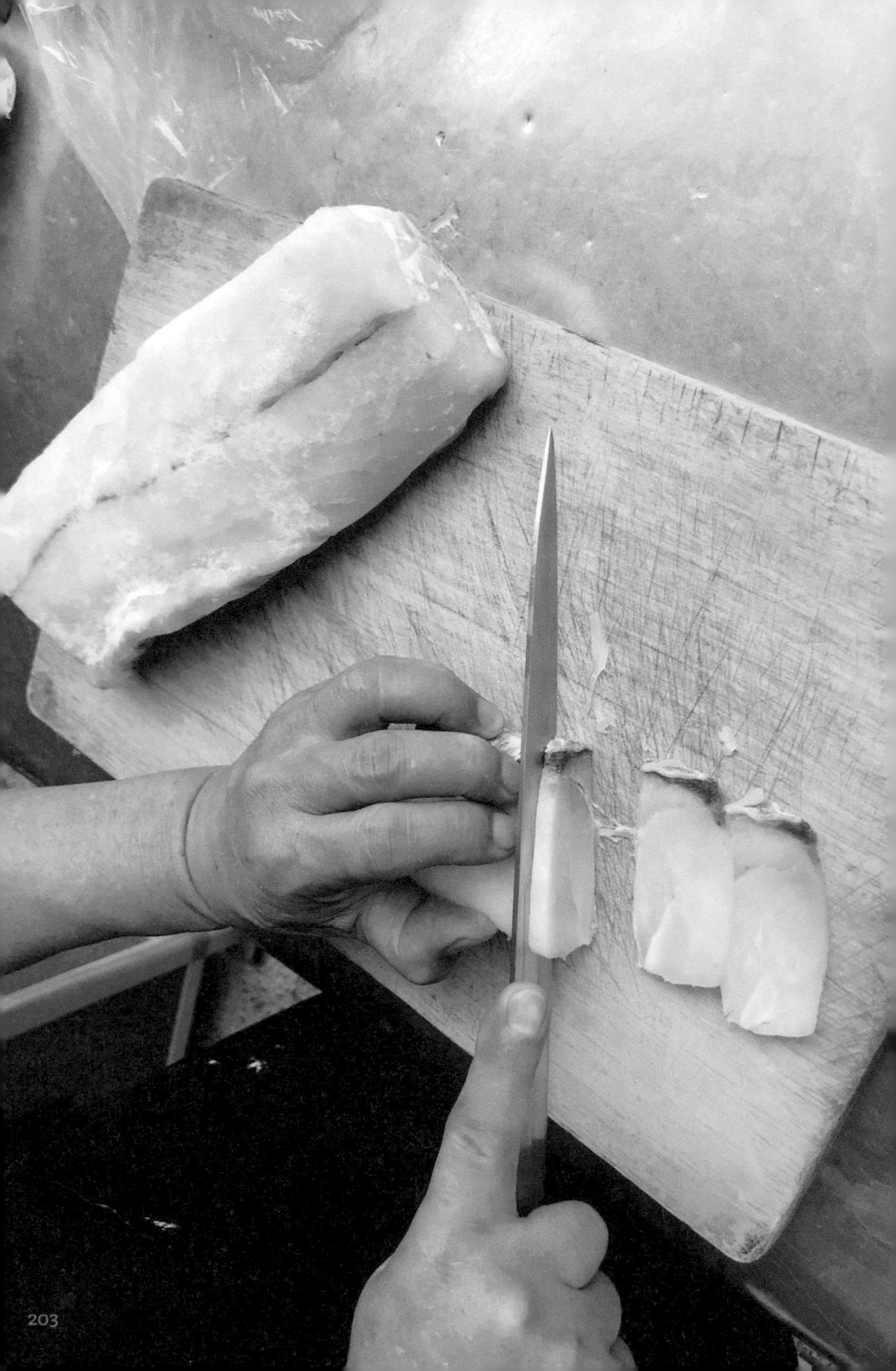

假手他人，兩人忙了一天，販賣所得僅賺八百元，兩人邊說邊笑，自嘲老人工，有賺錢就好。

陳老闆原是屏東小琉球人，年輕時討海維生，兼營兩岸小額貿易，因此在一九七〇年代，就成為第一批登陸臺商，那時一只手錶，就能換一大籠黃魚；一些日用品，就能交易回許多中藥材。由於這樣的經驗，他頗能識魚，也知商賈之道，二十年前因此到臺南做生魚片中盤商。

他本身就是識魚之人，其中，行情最高但也最令他鍾情的，就是鮪魚。在他口中稱為雙A級的生魚片，並非來自已被炒作到天價的黑鮪魚，而是黃鰭鮪。這道菜，在他的菜單上，只寫「生魚片三百元」，熟客都會毫不猶豫地勾選，只是常常缺貨，能吃到都要碰運氣。

他是個謹守本分的烹飪者，我看他處理過肉燥。一般來說，製作肉燥者通常會

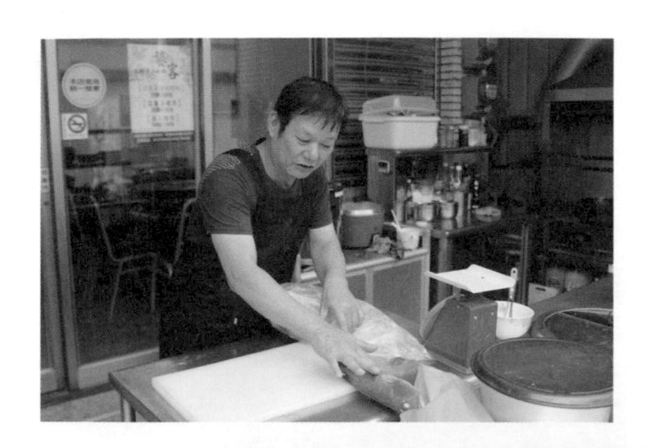

將肉販提供的碎肉直接進入油炸炒香的程序；而他原料入鍋前，先要洗過不說，還要經過汆燙去雜質。而在很早之前，他們的豬油都已自製。他的理由很簡單，那是家人要吃的食物，也是他以熟客居多的客人要吃的食物，不衛生、不新鮮的食物，不能進到胃裡頭。

饕客最不能錯過的，還是鮮魚火鍋，用大量魚骨熬製的鮮魚高湯，涮以切成薄片的魚片，最能品嘗魚肉的鮮美滋味。以此為基礎，又能靠著不同食材的增添，顯現各式風味，例如冬天時，放入一份文蛤與長年菜，略帶苦味的長年菜味，足以讓一鍋

的鮮甜海味更被突顯。

此外，老闆不斷探究石斑魚料理的創意，讓人忍不住每次都點幾樣嘗嘗，例如三杯魚、梅子魚等。老闆善用石斑魚肉質緊實Q彈的特性，讓魚肉取代雞肉，創造了國菜三杯雞之外的另一種「三杯體驗」。或者用背鰭部分，炸成酥脆，品嘗背鰭周遭的骨邊肉與膠質，難以想像的部位，竟有著意外的美味。老闆對於各部位魚肉的特性掌握極深，養殖石斑的魚肚，因為充滿油脂而口感軟嫩，但老闆知道野生石斑魚肚肉，緊實有Q勁，拿來做三杯最為適合。這樣一道道善用食材特性的獨門料理，一

份卻只要兩百多元，這樣的店，若是你，會來嗎？

饕客的用餐經驗，通常會用雜燴粥結尾，帶著些許魚肉的濃厚魚湯，加入一碗飯熬到濃稠，薑絲細蔥少許，最後打上一顆蛋，加少許胡椒，用這道菜作為結尾，最讓人滿意。先不說那是由清淡魚湯，慢慢堆疊到濃郁且飽足的味覺饗宴。光是那只為雜燴粥而存在的胡椒，便足見老闆對於好食材的堅持。細觀他的菜單，很容易發現胡椒只適合搭配這道不在菜單中的雜燴粥，為了這道只有熟客才會知門路的雜燴粥，不起眼的胡椒被小心對待，不沾濕氣香味十足。這胡椒就是老闆對待料理的態度了。

饕客重新於新址開張後，第一次造訪時，久別之後很開心聊著。老闆夫妻開心地說，因為利用自宅做生意省去房租，所以在這個萬物只有漲價的時代，他們竟然決定將每道菜定價減五十元。其實他的客人沒有幾人在乎那點錢，只是這樣的做生意態度，怎能讓人不喜歡呢！而這就是我始終光顧的理由了。

好呷ㄟ所在

饗客鮮魚

臺南市仁德區仁義里
正義二街 57 號

邊縫裡的國華街

江川肉燥飯

臺南的國華街具有全國知名度，許多外地來的朋友，想要吃的臺南食物，都在那條街上。碗粿、牛肉湯、割包、土魠魚羹、春捲、蚵仔煎，應有盡有。大致來說，食物也都有一定水準，該當把握有限時間的外地人，來此覓食的效率最高。

國華街屢次登上雜誌封面，彷若是臺南代言人。一條不算寬的街，經常是人車競走，我們臺南人出門都以騎車代步，而急欲覓食的食客，也沒有人在管左右邊的。不過說來有趣，當大家都慢到一定程度，反而就自然理出個彼此的規律，白天的國華街始終如此。

肉燥醬汁如何澆淋
又是另一門功夫

我經常去國華街吃飯，不過，吃的是飯桌仔——江川號肉燥飯，我無法費唇舌跟大家解釋，何以看來就像自助餐的飯桌仔，如此具有吸引力。如果要用一句話說明，那應該如此解釋：當你炒好每一道菜、願意用上最好的材料，飯桌仔的每道菜，都能媲美餐廳裡的大廚料理。

江川號肉燥飯，就位在國華街與民族路交叉口，那處可說是最精華區，但其實是位在金得春捲與富盛號碗粿之間，在兩條人龍所包夾的地方就是江川號肉燥飯。

江川號有什麼好吃呢？

當然就是肉燥飯。江川號的肉燥飯，被我視為臺南肉燥飯的基本經典款，去油不膩口、香鹹甜平衡完整，澆淋在白飯之上。我喜歡維持肉燥與白飯的對比關係，先是上下分明，但所有被拉進的關係，經歷的過程，雙方先是各保尊嚴，但最終兩者的混合都在嘴裡發生，其中玄妙只有自己知道。

我吃肉燥飯，若是肉燥醬汁迅速積於碗底，那碗肉燥飯通常不是過油要不太鹹，這是肉燥飯的大忌。因此，肉燥如何做是一件事，但肉燥醬汁如何澆淋又是另一門功夫。於是我們經常發現，一個店裡無論如何忙，外場跑堂與內場料理有時界線不清，彼此常常補位他人的工作，但為白飯淋上肉燥這件事，通常只有一、兩人能做。

一碗肉燥飯，我不需要其他的肉類了，雖然江川號的排骨很好吃，但我通常只要再點兩、三道青菜，一餐就太滿足了。我的定番料理，通常是豆瓣醬燒豆腐、筍絲炒蛋以及一樣綠色的當季青菜。然後，如果有十足把握，下午活動量夠多，就大膽喝碗肉羹，但通常就是魚皮或者魚丸之類的湯品。

江川號生意不錯，但多為在地人，就是那種沒有選擇困難，為了吃江川號而來國華街的人，心情與姿態都很篤定。即使是在此吃飯，身邊經常穿過許多川流於國華街的人潮，但熟客倒是心無旁騖，吃著自己眼前的食物。

我倒是喜歡在此觀察走過的人，他們的眼神多半帶著困惑，「這一攤看起來很像自助餐！」、「自助餐有那麼好吃嗎？」、「怎麼有那麼多人在國華街吃自助餐？」江川號是觀察外地人朝聖國華街的絕佳位置。

江川號之於國華街，乃至於飯桌仔之於臺南食物，如同一種邊縫與核心的關係。外地來的朋友看不懂江川號的位置，很正常，他們經常帶著既定的印象，來找尋已被認定的國華街。而我們，則依著日常生活經驗，來到篤定的位置上，吃飯過日子。

當然，要是有能力打破刻板，重新配置邊縫與核心的關係，你將可以更深入的體會臺南人的飲食生活，認識你本來不知道的國華街。

好呷乀所在

江川肉燥飯

臺南市中西區民族路
三段 17 號

篇肆

自己・生活

頑固黑輪

西門路原沙淘宮前碳烤海鮮攤

全臺各地遍佈著海鮮攤與燒烤店，臺南不能免俗，這類的店也是隨處可見。只是有別於其他地方，臺南的海鮮攤除了時令海鮮、小炒、燒烤外，有些攤商還販售著壽司等日式食物。

臺南的海鮮碳烤店，有幾間的手藝，來自於早期的日本料理，但後來又有了不同系統食物的添加。我常去的西門路原沙淘宮前碳烤海鮮攤，就有著清晰可辨的多元料理身世。

這間目前由第三與第四代共同經營的路邊攤，經營超過六十年。第三代老闆娘經營之前，經歷了母親與舅舅等兩代的老闆。舅舅原先於日本時代習藝於林百貨，背景是

只要是需加工包裹漿料的食材，
一定出自自家之手

日本料理，最初是在沙淘宮前做生意，媽媽則曾經營臺式海鮮攤，後來與舅舅合作一起經營目前的碳烤海鮮攤。目前攤位上的那臺雙輪攤車，依舊必須每日出攤與收攤，擺滿著一日經營所需的食材，這輛攤車已是從舅舅時就用到現在的老骨董了。

舅舅與媽媽，日式與臺式，兩代經營者融會的菜色，交給了第三代的老闆娘。我常吃的食物：炒烏龍麵、炒蛋包飯、豆皮壽司、炸豬排、香油豬肝、蝦丸，加上一碗黑輪，便可知道以上的手路，包括了日本料理、和式洋食與臺菜。炸豬排他們稱「通咖滋」，當然就是和風洋食的那一種，改良自臺菜八寶丸的炸蝦丸，以香油與糖醋味為主的香油豬肝，不用說，這些都是媽媽的手路。一餐之中可以盡得兩代老闆的傳統，那是一趟味覺的時光之旅，味道中清晰可見文化的交錯。

這間海鮮碳烤店位處遊客如織的中西區，此區在住人口已從十年前的八萬多，跌到七萬多，少了快要一萬人。跟我住的東區、工作的安南區，十年來人口日增，相較之下，中西區已是個老化的社區，商業型態轉向以面對觀光客需求為主，大家只要想想赤崁樓、武廟、神農街一帶的商況便可清楚得知。

老社區尋找新生命的方向，如同店附近許多老屋改造後的商店一般，舊風格經過包裝成了新時尚。一罐有故事的破布子從四十元變成一百三十元，分量還要減許多，用來煎一盤破布子煎蛋，破布子成本可能高於那幾顆蛋。如果將

此事說給鴨母寮市場那幾位長年賣破布子的阿婆聽，她們可能會以為美國也有破布子，那些應該是進口貨。

老闆娘不是不知道周遭世界的改變，如同口語上我們一直稱之為黑輪的食物，在店招上寫著關東煮，那便是年輕一輩眼見7-11賣關東煮，建議就以時下年輕人所知的名稱改稱，但對老闆娘來說，那鍋滿滿料材與熱湯的食物，永遠都叫黑輪。第三代老闆娘從小跟在媽媽旁邊學習，他跟母親加起來的經營時間，已經四十幾年，原本在沙陶宮前賣了三十年，後來搬到目前的位置也已經十幾年。

曾有人建議應該求新求變，增加利潤，但老闆娘認為創新無法持之以恆，如同她講過幾次當年蛋塔迅起即落的故事，因此認為謹守三代傳承的口味最實在。中西區的改變頗多，她們被兩間招牌閃亮的店面包夾著，店面前只掛著一小盞

倒掛著的白水桶店招，並不特別明顯。店裡的老顧客年齡漸增也是事實，從店門口經過的觀光客，往往一眼望過就走開，她唯一能掌握的，就是繼續維持這間店的風格。

曾經賣過菜粽、經營過臺菜海鮮攤的第三代老闆，有時依舊會到店裡。她通常坐在店門外的椅子上，看顧著她曾獨當一面的店，偶爾跟熟客寒暄，只是大多時候，她都是沉默著。兩代老闆娘的人生歲月，都寄託在這間店。

幾乎每位來此的顧客，一定都會點選幾樣黑輪，加上附贈的清湯，就成為那餐中唯一的一道熱湯。我印象所及，沒有點過菜單上其他如魚肚湯等等的湯品。如果說大家是為黑輪而來，也是沒錯的，因為他們的黑輪煮料中，只要需進一步加工，必須包裹漿料的食材，一定出自自家之手，例如苦瓜封、油豆腐鑲肉、高麗菜捲等，就連黑輪也是請特定師傅手工製作，因此每條形狀與大小有著些微的差異。由於用料實在與添加蔬菜，所有來客幾乎都是為黑輪而來。我之所以常來此用餐，除了美味之外，價格公道更是重要，我們通常四人來此，七八盤一桌菜，消費金額從未超過一千元。

六十年的時間，那鍋黑輪可能已經調製超過上萬次，老闆娘要時時注意少掉的種類必須適時補上，補上的新料則關心何時熱透，爐火時而要微調，一顆心都要記掛在這黑輪上。因此，守成不是什麼都

不做，而是一項複雜的工程。堅持的力量、傳承的意志，才能成為日常的慣習、反覆的習作。這樣的工作，能做一輩子，很讓人佩服。

我最常吃的一品黑輪，名叫蛋丸，是用魚漿包裹雞蛋，油炸定型後入鍋熱煮為黑輪材料。蛋丸用料實在、口感紮實、久煮不爛，讓這顆看起來不起眼的黑輪，有著折服食客的味道。我每次覺得這顆包裹雞蛋、將精華藏於內的蛋丸，很能代表店家不為周遭變化，力保傳統的頑固心情。

好呷ㄟ所在

原沙淘宮前碳烤海鮮攤

臺南市西門路二段 86 號

女人的吧檯

復興市場魚壽司

這間店沒有菜單，
單是點菜就是考驗

長年待在臺南，我的日常飲食中，常流連在復興市場附近的幾間店，包括已逝的大頭祥、魚壽司、幾乎以攤為家的車鐳紅茶，以及在圓環邊上的飯桌與愛玉冰店，早上則是阿和肉燥飯或者圓環頂菜粽。自封「馬路巡行守備」的林瑞明老師，經常一早，騎著腳踏車在這附近出沒。

那是個從早到晚，都能透過味覺提供滿足的地方。對於每日都忙著工作的大家而言，用一餐飯，如同儀式般，讓早上與晚上，有著開始與結束的感覺，很重要。復興市場一帶的店，能夠牽引我的，若不是自成一格的技藝，要不就是店主有某種吸引人的經營哲學，味覺與風格所構成的飲食體驗，讓吃飯這件事，具有調節日常節奏的功能，我們才能過生活，而不是度日子。

其中，位在復興市場內的魚壽司，是我最常去的店。在臺南吃飯，時日一久，常有機會吃日本料理。當然是指臺灣式的日本料理。我猜想，臺式日本料理應當是了解臺灣近代飲食文化，如何匯聚多元的重要課題。但我吃飯時，腦筋通常沒有用到那方面，所以所知有限，但有些線索依舊清晰可辨，例如：京園日本料理的西餐式沙拉中的白蘆筍，說明了這道菜的洋食身世，果然，現在店主的父親，年輕時就在日本時代和洋料理店學藝，而另一道紅糟肉捲，則是應付客人需求而不斷添加的結果。所以，魚壽司也一樣，完全不需遵守日本料理的基本套路，除了花卷、豆皮壽司與生魚片，其他料理，都跟海產店差不多。

沒有店面，位在市場內的魚壽司，嚴格說來，是個路邊攤，不過如果對「吃米不知米價」的人來說，亂點一通的結果，保證荷包大失血。以鰻魚來說，大家都習慣了一份兩三百元、口感鬆垮與淡雅甜味盡失的工廠製蒲燒鰻。但魚壽司檯上擺放的現烤鰻魚，則是從頭到尾都由店家親自處理，隨便一塊五百元跑不掉，不識好貨的客人一定要問清楚再下手，否則如果引起糾紛，明天就會成為新聞主角。

魚壽司的冰櫃裡，現撈海魚是基本款，還提供花蟹、大明蝦、星鰻、生食級干貝、澎湖或者加拿大海膽等好貨。所以來魚壽司，如同用盡所有昂貴漁貨的臺北士東市場「阿吉師壽司」，絕對不能因為身處菜市場，而等閒視之。

魚壽司的料理，最穩當的還是各式生魚片，除了基本款的鮪魚、鰤魚、鮭魚、海鱺，有時則有水針、沙梭、

鰹魚、比目魚與海膽。這些鮮度沒話說的食材，上菜時並不講究排盤，大概只賣高級餐廳的七折左右，可說非常便宜。這間店沒有菜單，單是點菜就是考驗，只有識貨的人才能理解這些高檔食材物超所值之處。一個人時，我喜歡用涼拌過貓菜開始，再吃些當令的生魚片，一點烤物，如明太子雞翅、烤豬肉串等，一瓶啤酒，就是一餐。其實相當尋常。

不過，比起魚壽司的料理，更讓人印象深刻的是店主阿雪姊。她的性格有稜有角，話一出口常帶鋒芒，比之隔鄰寡言的大頭祥，我聽阿雪姊說過的話，應該超過一萬句，以至於我們都知道彼此曾在大武山下的屏東平原讀過書。

論起魚壽司的歷史，也是四、五十年的老店，從阿雪姊的公公就開始經營，提供壽司，且跟市內幾間日本料理店有著師兄弟的關係。但因丈夫早逝，必須獨立扶養兒子，阿雪姊已獨自經營了十幾年，而她始終站在最重要的位置，處理著日本料理最重要的生魚片等料理。傳統的壽司店，備廚區階級分明，只有大

師傅能站在板前為客人服務，那是很男性的空間，聽說壽司之神小野二郎坐鎮板前，客人也可感受強大的氣場。

阿雪姊為了維持家計而承擔夫家事業，進而學會剖魚切片等技能，那個位置，是發號司令的中心，店裡忙，那處就緊張，過了尖峰時刻，也從那裡開始緩和。晚上八、九點，有時下了課，我喜歡過去坐坐，通常坐在食材冰櫃前的位置，一邊吃飯一邊聊天。逐漸感覺工作結束，迎接生活。此時，我通常因為上課說了太多話，大多都聽著她們講。她們？沒錯，這間店除了一位男店員外，其餘都是女性，煎煮烤炸，她們一手包辦。之前推薦我店裡有名的花枝丸，是她婆婆在家手工搥打成漿捏塑而成，我一聽，哇，怎麼連後勤都是女人啊。

八點過後，店裡的電視，固定停留在本土連續劇或者政論節目，阿雪姊坐在吧檯前，如同默片時代的辯士，延伸來賓談話，加油添醋，夾述夾議，非常生猛有趣，評論時事，敢愛敢恨，比起「臺灣番薯電視臺」中，專門評論時事的「阿錡 TO 新聞」還厲害。

我覺得站在板前位置，好像女性發聲就能啟動，是個能感受到女力強大的地方。阿雪姊想必經歷了不少辛苦的日子，說話極具個性，想是因為這樣才能保護家與店。客人抱怨太貴，馬上碎念不識貨，隔鄰的店家來換錢，也會嘮叨怎不準備零錢。或者，嘲諷附近小巷掛起紅燈籠，總是川流不息的燒烤店，烤肉難吃，甚至連她們家的狗都不吃，夠辣吧。

最近，問起前陣子還在店裡幫忙的兒子，怎麼不見在店裡（明明是去日本學藝），阿雪姊說，讓他去給別人教比較好。邊說邊用俐落的刀法，豪邁而精準地切著鮪魚。能夠站在板前的女人，就是要用如此的口氣說話吧。

好呷ㄟ所在

復興市場魚壽司

臺南市中西區府前路一段 29 號

一個人的包子

大菜市包仔王

十餘年前，尚居於臺北時，常騎車經過捷運忠孝復興站，最喜歡順手帶幾顆姜包子的各式包子回家，六、七種口味各自一味，滿足嘗嘗鮮。

來到臺南之後，起初總覺得臺南肉包有點單調，正餐間點心的選擇，肉包恐怕連前五名的選擇也排不上。近幾年，開始挖掘出府城一店一味的深意後，迷上店家對技藝的執著，我很喜歡造訪一店只賣幾種食物的小攤。

以肉包來說，開山路巷內，只賣肉包、水晶餃、饅頭與壽桃的清水寺包仔祿，一八八六年就開業，就很符合我對於一店一味的喜好。

肉包麵皮以老麵自然發酵製成，蒸熟後呈微微米黃色，內餡則包以絞肉、香菇、蝦米、鴨蛋黃。只是近年來，包仔祿聲名大噪，已是需要排隊的名店，我也就很少再去了。

讓人安心的小店，
乾淨明亮服務親切

最近要說是在臺南吃肉包的選擇，我較常往西門路的大菜市包仔王，大菜市就是去年起開始整修的西菜市。包仔王聽說跟一直在大菜市內營業的肉包輝有親戚關係，因此菜單雷同，不外是乾、湯麵與肉包，配上餛飩或魚丸湯。營業超過五十年的肉包輝，由於攤位旁有數間魚丸批發商，魚腥味最終也把我給趕走了。

大菜市包仔王是間會讓人安心的小店，乾淨明亮服務親切，總能帶著平靜舒服的心情吃上一頓。他們的食物跟包仔輝差不多，豬油加上調製醬油拌上麵條、鋪上幾片豬肉片的乾麵，改變了乾麵總是麻醬口味的刻板印象。另外在臺南則可吃到拌上點沙茶粉的汕頭意麵。單純僅用肉油的乾麵，完全考驗豬油新鮮度，很冒險，但如遇善烹者，味道則勝於麻醬與沙茶粉的口味，天公廟附近的美味意麵，為此風格的翹楚者。包仔王的配湯則有餛飩與魚丸，魚丸是那種蒸熟，略呈方形的魚丸，論彈性、紮實與魚味，均較一般滾煮而成的魚丸為佳。

包仔王的經營者是群年輕男女，估計也是第二代接班，很有服務精神，態度親切，專業度高，曾見過外場忙碌而未及清理桌面，下一桌客人的乾麵與熱湯已經上桌，端著熱湯的年輕侍者，就這樣拿了一、兩分鐘，只為等待桌面清潔完成，那碗熱湯才願放下。誰說路邊攤沒有服務意識？

如我來到包仔王，卻只習慣吃顆包子配上一碗餛飩湯。包仔王的肉包，如同包仔祿，老麵麵皮麥香重，麵皮稍厚，因此能將肉汁吸乾但不致滲出，而其內餡則有別於包仔祿，僅包以醬料與香料入味的豬肉餡，肉餡純淨吃不到肥油與筋膜。相形之下，包仔王肉包跟近年來府城小吃開始隆重包裝與繁複加料的路線不同，單純味道，或許才是吸引我的府城原味。

能夠與這樣單純味道相匹配的，則是包仔王餛飩湯。餛飩如同餃子，常會被外型給吸引，肉餡飽滿、捏摺精巧都能給些味覺之外的感官饗宴。我很喜歡包仔王的餛飩，呈現小圓餅狀的餛飩，牽著白色麵衣，很有雅緻感，讓人覺得這碗幾葉白菜也沒放上的湯，清寡有致。

我總認為一顆只包著精肉的包子、一碗乾淨的餛飩湯，很適合忙碌後，自己一個人，需要填飽肚子，但也想要安靜下來的心情。包子很適合需要被保護與隱藏的現代人，如同日本電車中，閱讀者總要用書衣隱藏著各式各樣的書，包子也是如此，每顆一樣淨白，不同的食客，高低起伏的情緒，都能被好好地掩藏著。

有時我在中午前剛營業之際前往，店內後方的桌上，放著幾十公斤豬肉，兩個男生拿著刀子，細細地剔除筋膜與肥油，將用於乾麵的豬肉片與用在肉包的肉餡整理乾淨。相較於跟肉商進貨的多數業者而言，包仔王從原料開始，就是親手處理，讓人安心許多。那樣的工作，不僅費時也更要細心，有次看到剛剔除完一大塊豬肉筋結的男子，滿頭大汗的樣子，才發現原來他就是端著熱湯的那個侍者。

一個人的包子，要能收藏著這麼多複雜的情緒，原來是要如此細心的費工啊。

好呷乀所在

大菜市包仔王

臺南市中西區西門路一段468號

自己的茶湯味

車嬸紅茶攤

一年之中大多數的時間，只要行走於臺南，一、兩個小時便常滿身大汗，此時最須來杯冰涼的飲料，舒暢一身，儲備繼續行走的體力。

而說起臺南的冰飲，古早味紅茶堪稱頭牌，其中以「泡沫紅茶」屹立將近七十年的雙全紅茶，最為人所熟知。雙全店裡的紅茶詩寫著：「用歷史來浸，用感情來濾。」演繹了這款古早味道的濃厚人情。有時我也會在太平境教會旁的奉茶喝茶，若有餘暇就坐在亭仔腳的椅子上，啜飲一杯紅茶。有趣的是，奉茶的店裡貼了幾張雙全的紅茶詩，兩店老闆雖不同，但經營者都有文人氣質，或許也因此而相知相惜。

事實上，臺南的古早味紅茶，水準整齊，就連幾間虱目魚湯店、鍋燒意麵店供應的紅茶，味道都在水準以上。其中川泰號虱目魚湯，一杯十元的紅茶，最適合飯後來上一杯，點用之後，還是由老闆親自在你面前斟滿，好像餐後接受老闆的招待。

十餘種青草茶原料

都出自自家的兩塊農地

而我最常前往復興市場跟車嬸買杯紅茶。這間經營四十年的紅茶攤只賣紅茶與甘蔗汁，冬天會多一味龍眼干茶，有時則會有桑葚汁或麥茶。一般來說，車嬸紅茶從早上就開始營業，直到晚上還做生意，時間超過十幾小時。

我曾六點半在阿和吃早餐，看見對街的車嬸已開始忙碌。這時還沒有客人，車嬸忙著處理甘蔗汁。從削皮開始，挑除被老鼠啃咬的部分，洗淨、榨汁、過濾，一套程序走完大概三、四小時就過了。車嬸說，幾十年來，煮紅茶、青草茶與甘蔗汁都是一個人，每天一項，三天一個循環。她經常說，時間過得很快，但其實，要成為那些可以販售的湯湯水水，前置工作往往極其麻煩。她通常晚上九點還在攤上，一邊看電視、一邊做生意。

車嬸在復興市場經營攤位，已經半世紀，市場鄰居不知換過多少輪，只有她還一直用相同的方式過生活。以攤為家，是我認識她十幾年來，最深刻的印象。車嬸所處理的的甘蔗來自彰化二林，之前則是埔里居多。紅甘蔗的莖粗皮脆，跟白甘蔗相較，水分多糖度低。

為何用紅甘蔗呢？她說，剛開始做生意時，白甘蔗都是用於製糖，市面上很少，市面食用甘蔗多數就是紅甘蔗。這二十幾年，市場開始供應白甘蔗。雖然甜度較高，車嬸卻不愛，她說白甘蔗膩口不耐喝。

紅甘蔗好喝嗎？車嬸的評價大致是：相對平淡，但清甜甘口，略帶酸勁的餘韻，使得味道互為襯托，流動的汁液撐開飲品的立體感。

料理職人描述食物的味道，通常都有著很迷人的詮釋，那經常是直通人生味的讀解。

紅甘蔗汁，平淡而有味，如生活。

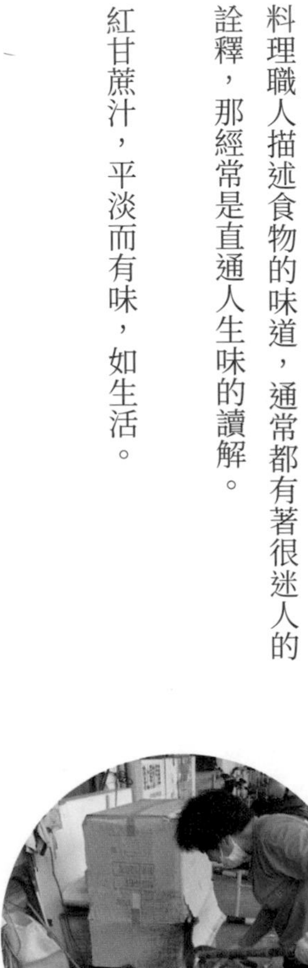

車嬸的生意不算好，有時一個小時才兩三位客人，以前大頭祥海產店還營業時，車嬸常會出手幫助忙得不可開交的老闆娘。如果沒有客人，車嬸有時就在躺椅上睡著，有時則聚精會神看著八點檔，令人覺得車嬸根本生活在紅茶攤。車嬸有空就把店開著，有次剛跟兒孫從曾文水庫露營回來，就趕忙來開店，所求已經不是多開個一兩小時，多賺一兩百元的事，而是怕熟客撲空對人家不好意思。

聽隔壁的魚壽司老闆阿雪姊說，車嬸以前相當辛苦，曾背負不小的經濟壓力，必須打拚賺錢養家。可能從那時開始，她要賺早上市場客人的錢，也期待晚上

自己的茶湯味 車婂紅茶攤

附近海產店食客的光顧，結果就是一天有一半的時間都待在攤子上。現在年紀大了，兒女也長成，肩頭負擔稍減，但三、四十年來的習慣很難改，因此就過著如同以攤為家的生活。

車嬸紅茶攤，就賣兩、三樣飲品，在手搖茶店動輒四、五十種產品的時代，可說相當特別。尤其手搖茶店為滿足客人多元需求，甜度與冰塊都能客製調整，大家只要曾目睹手搖茶店的熟客，兩、三句行話「少少」、「半半」、「微半」、「微去」……頃刻就將五、六杯飲料點完，同時進行甜度與冰塊量微調，商家與客人盡皆講求效率，令人佩服不已。

但車嬸的紅茶就那麼一味，甜度都已預設，約等同於「全糖」程度。我的許多臺南朋友都覺得理所當然，「那樣茶味才能被引出來……」雖然我未能體會其中深意，但身為南部人，其實還能接受。

車嬸是怎麼說的呢?她說糖要加足,茶澀味才能被壓住,也要在適當時機加糖,又不能加太多,以免酸味影響餘韻。對照車嬸辛苦地看守小攤四十年,努力維持家計,聽她說著紅茶的甜澀如何平衡,令人感覺似在調配人生的滋味。

車嬸的所有冰飲,都出自於親自調理,其中桑葚的處理極為麻煩。她將桑葚種在自由路一帶的自家園裡,採收與處理從不假手他人,甚至必須因此一整日無法營業,費工所得不過幾罐原汁,也只能讓她賣個幾星期。車嬸的想法很簡單,種了桑葚,就要採收,就要熬製原汁,但如此費工能賺多少錢,是否符合成本,她也不知道。老闆兼員工,事業、家務混在一起,讓利潤與成本的關係,有時變得很難計算。

又例如車嬸的青草茶。我起初好奇她的仙草原料購自何處,沒想到她回應,購買不划算,十餘種青草茶原料,都出自自家的兩塊農地,只有其中一種要到關廟的山裡採收。對她來說,全部的材料都不是用錢買來的,但顯然車嬸一定沒將自家種植的時間換算為成本。

白天時，車嬸的攤子，時刻都會有兩、三位，年紀也在七十歲左右的老顧客，點上一杯紅茶，就坐在椅子上彼此聊天，她們從不急著回家，議論著彼此家裡發生的事。此時，紅茶攤比所有公私立安養機構，還具備有照顧老年人的能力。車嬸的紅茶與甘蔗汁，只有一杯與一瓶兩種選擇。一杯的容量約為兩百五十CC，售價十元，對照手搖茶店動輒七百CC以上，甚至超過一千五百CC以上的胖胖杯，容量加大，售價提高，才能創造更多利潤，有時實在搞不懂車嬸是在做什麼生意。

車嬸的甘蔗汁，知名度雖不高，卻是不少名店的愛用物。有知名魚湯店將甘蔗汁用於煮肉燥飯，也有人兌成甘蔗青販售。只要稍微一想就可以知道，車嬸的甘蔗汁絕非價格嬌貴的飲品。也因為如此，每每讓人迷惘於車嬸紅茶攤成本與售價之間邏輯辯證。

我時常是在極需水分時來到車𡢃紅茶攤，相當口渴，因而常問為什麼不改用大杯子，售價也可以因此提高。車𡢃只說：「喝不完。」如果旁邊也有幾個阿姨，也一定急忙附和說：「對，喝不完。」她又說了些大杯子無處可堆放的理由。在一般商業邏輯下，這些說法當然都沒道理。

對車𡢃來說，使用小杯子是因為那是這群長者認可最合適的份量，是種為了老年人而存在的友善設計。

我所認識的臺南攤家，如同車𡢃的還不少，生意也不是追求利潤最大化而做，其中更有著人情互動的深意，而這一味，正是臺南最深奧且最吸引人的味道。

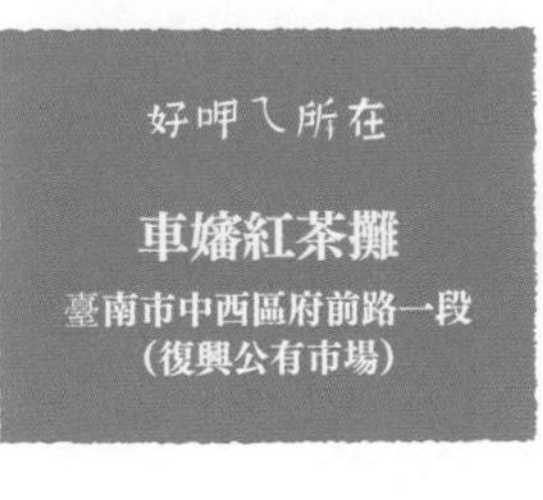

向晚的餘溫

錕羊肉

冬天的午後最適宜在府城吃羊肉。

臺南的冬天，稱不上冷，只感覺早晚帶點涼意。如果剛好在午後，晃蕩於孔廟、林百貨一帶，或是到修復後剛開放的地方法院博物館走走，那就不妨再走幾步路到錕羊肉。

經營超過四十年的錕羊肉，目前是第二代接班經營，原本店開在小西門圓環旁，大約三十年前搬到府前路上現址。錕羊肉是間相當不起眼的小店，首次造訪可能有些摸不著頭緒，因為菜單上只寫了五種選擇，生炒羊肉、羊雜湯、當歸羊肉、清湯羊肉和白飯。完全不同於一般羊肉料理店，慣於提供二、三十種料理的選擇。

我聽過許多首次來店的客人，劈頭就點羊肉炒飯、羊肉炒麵、也有人問過羊肉爐，炒苦瓜羊肉之類的，這都是一般羊肉店常見的料理，但錕羊肉卻一樣都沒有。老實說，對於從小就在高雄常吃羊肉的我而言，在臺南吃羊肉的經驗，讓人很吃驚。高雄很常見一碗五、六十元的羊肉湯，是隨處可見的庶民美食，雖則其中也有善烹者，但長處在於鎮住羊肉的腥羶味，鮮度不足的肉質，本身是沒有多少加分的效果。

近年來，臺南的虱目魚與牛肉湯雖然普遍，羊肉攤相較少些，但在臺南吃羊肉，卻還是應該列為必選，不應輕易錯過。在臺南，從早到晚，都有新鮮溫體羊肉可吃，不過一碗動輒要價百元以上，湯中不過二兩肉的羊肉湯，讓不少食客為之卻步。

除了錕羊肉之外，若是一大早，我會選擇到小西腳附近的包成羊肉，或者府前路的無名羊肉。無名羊肉的年輕老闆，家族手藝傳承到位，對於食物品質要求嚴謹，攤位上放著時常滾著的兩大鍋，一鍋是羊肉高湯，一鍋則是放入許多備長炭的清水。照理說，學問應是在羊肉湯中，但功夫卻下在清水裡。老闆告訴我，羊肉湯的水質很重要，自來水添了些殺菌的化學物質，易有怪味，經過備長炭消毒去味，才能煮出美味羊肉湯。包成羊肉則在現場處理羊肉，新鮮到位，滾沸的高湯一泡，呈現粉紅色狀態的羊肉，軟嫩鮮甜，絕對勝過牛肉湯。

晚上，特別是天冷時，我會在健康路的朝羊肉，吃鍋菜頭清燉帶皮羊肉湯，再加點一份羊雜，我認為那是同一時間，臺南可以找到最好的羊肉湯。但畢竟以上的選擇要不就是起個大早，要不就是要糾夥一群人，只有錕羊肉最適合在午後的時間，一兩人也能吃得輕鬆與滿足。

不管是包成或者無名羊肉，以及錕羊肉，都採用溫體羊肉，跟進口的冷凍羊肉是不同級數的肉品，完全無法相提並論，這也是五十元的羊肉湯與兩倍價的羊肉湯最基本的差別。也因為如此，我無法回頭再吃冷凍羊肉，府城食羊肉慣壞了我的嘴。

來到錕羊肉一定不能錯過清湯羊肉，倘若還可以再吃一碗，也一定要再點碗當歸羊肉。那是因為清湯羊肉最能展現溫體羊肉的新鮮風味，而用羊骨燉煮而成的當歸湯，最能品嘗羊肉的溫補滋味。除此之外，老闆有幾道私房菜，例如炒麻油羊雜等，只是如果沒有問清楚價格，結帳時保證讓人吃一驚。因為新鮮的溫體羊肉價格並不便宜。

我問過個性敦厚的老闆，如何挑選羊肉的秘訣，他總是淡淡地說，一分錢一分

貨，花高價買好貨，就能吃出品質，這樣簡單的道理，在凡事靠包裝的時代我們怎麼會忘了呢？如同他也跟我說，他的丈人只教他一種熬煮高湯的方式，他也只會這一招，所以也不知要如何加東加西省成本地弄出一鍋湯。這句話我應該聽過十次，但我就偏喜歡問，大概覺得這種美味來自於素樸的意志，很讓人心儀，每聽一次，就增進了我對羊肉的信仰。

我喜歡在冬天時，四、五點的午後吃羊肉，除了新鮮羊肉湯外，更不能缺一盤鯤羊肉的麻油炒羊雜。麻油炒羊雜包括了肝、腎、腸、心等部位，由於食材新鮮，猛火快炒，保住了食物的軟嫩口感，但我更欣賞老闆對於麻油與嫩薑的處理。老闆告訴我，臺南冬天不會太冷，麻油選用黑白芝麻比重略為調整，不過於燥熱的油種，基於同樣理由，老闆選用了嫩薑而非老薑，他將嫩薑片切得極薄，搭配麻油清炒，不過於燥熱，微微溫補的感覺，此時的薑片竟然宛如新鮮的青菜。

除了麻油炒羊雜之外，鯤羊肉能將一頭羊化為盡可成食的盤中飧。例如排骨湯、大骨湯、腿蹄湯、帶皮羊肉切盤等，只有熟客才會試著探問。私房美味尚有否，這些無法列名於菜單中的羊料理，正說明鯤羊肉進貨新鮮、供量有限的經營哲學。老闆似也不必急著推銷私房菜，將之書寫於菜單上，因為總有一群如我一般的吃客，會將羊肉一網打盡。

如此一碗羊肉湯、一盤炒羊雜入胃，足以消除一下午走動的疲勞。走出店外，天色漸暗，涼風吹來，門口那口倒掛著白桶子、寫著「鯤」字的店招剛亮。鯤羊肉的滋味，如同向晚的餘溫，讓人頓時溫暖，最適合在南方的冬天裡品嘗。

好呷ㄟ所在

錕羊肉

臺南市中西區府前路一段 341 號

拼湊完整的災後人生

恆志的店—戚風蛋糕

堅持不加化學膨脹劑
稍一不慎就會塌陷

恆志的店距離因為二〇六地震而倒塌的維冠大樓很近，店東林清貴是去年地震的受災戶，住在D棟的十二樓。他們在災難中，失去了兒子——林恆志，所以恆志的店是為兒子開的店。年輕的恆志，生前有個願望，開間可以提供樂團練習兼提供咖啡糕點的小店，讓愛好音樂的朋友，可以相互交誼。據說他的告別式中，同學燒給恆志的，就有間恆志嚮往的小店。

林先生憶起災難發生當時，在他的印象中，他是第一個爬出大樓的住戶，地震發生時，他用布包著腳，循著夾縫中的一點光亮，拉著鋼筋脫困而出，即時如此，腳依舊被磁磚、玻璃、鋼筋割得都流了血。但他全然不覺得痛，第一時間他根本不知道發生什麼事，直到搶救人員提醒，才知道住家因為大地震而倒塌了。天色漸亮之後，即便他沒有戴眼鏡，但看到整個社區已經變成廢墟，感到非常震驚。

林家其他的家人間靠著發出聲響，互相聯繫探知彼此被困的地方，隨後的幾小時內，家人陸續被救出。只有兒子恆志沒能脫困，地震發生當下，他聽到兒子喊：「爸爸，我被壓住了……」但那是他此生最後一次聽到恆志叫他爸爸。用這樣的方式，告別恆志，讓林清貴先生有著很深的自責。一年後、兩年後，林先生再談起告別恆志的過程，講者與聽者，都陷入了一樣的靜默，深呼一口氣，彼此的對談才能繼續下去。

災後的生活，林清貴有許多的空白時刻，由於工作無法專注，最後收起了家中經營的小工廠。一年多來的歷程，走得很艱辛，他很感謝很多幫助他們的人。博物館在去年發起的搶救記憶的行動，為他們找到了十幾張的照片，林清貴說那些經歷震災的照片，即便充滿了許多受損的痕跡，但他說看見這些照片，他覺得很療癒。

林先生說他是踩著家中的照片一步步逃出來的，那個當下，沒人可以帶任何東西出來。事發之後，這些卻變成了斷裂的回憶，林先生幸運地找到了恆志的電腦，從裡頭找出了恆志這幾年的照片。但，這些僅存的片段，永遠不嫌多，他們試圖在博物館從維冠大樓中搶救出來的上千張照片中找到更多恆志的身影。

招領會那天，我看見他們焦急地翻找，當他們找到恆志年幼時的照片，那一瞬間，他們兩個人都留下了淚，林媽媽說他很怕忘了恆志小時候的樣子。當時，我就站在他們兩個人的對面，現場雖然有點吵雜，但那一句話直入人心，永難忘懷。

災後的林清貴依靠許多善心人士的協助安頓生活。因為收留他們的善心人士家中的烘培事業，讓林清貴有機會嘗到不添加任何香料的戚風蛋糕。說來很特別，林清貴本來經營的小工廠，處理上光作業，那是印刷工程的一個環節，為每本書批上一層亮麗的外表，但那一口外表樸實的戚風蛋糕，卻吸引了他。或許只有用這種減法作成的純樸味道，才能安定他每日無法平靜的心情。但，更重要的是，應該也是那一口蛋糕，讓他想起恆志的願望。

幫恆志開一間店吧！

二〇一七年六月，恆志的店開幕，主打各種口味的戚風蛋糕，搭配檸檬塔等糕點，配上紅茶、咖啡等飲品。恆志的店，用料實在，一個百香果蛋糕，要用上八、九顆百香果，就是沒有一滴香精。而戚風蛋糕看似簡單但實則充滿考驗，必須

拼湊完整的災後人生 恆志的店——戚風蛋糕

妥善地處理麵糊，並配合烤箱上下層不同的溫度，讓麵糊順利攀爬模壁而上，最後膨脹成形，他堅持不加化學膨脹劑，因此稍一不慎就會塌陷，聽著他的解釋，感覺好像在講他自己一年多來的人生。

林先生用專注於製作糕點，來轉移對災難的悲傷情緒。有次他花了將近半小時，準備現打的鮮奶油，加入點自製、不加吉利丁的李子果醬，調配成蛋糕的抹醬，過程從容、不疾不徐，像是在修行，感覺時間好像沒有被計算為林先生的經營成本。

那道抹醬塗抹在百香果味的戚風蛋糕上，

那一口全部來自天然的味道，已經不是平日唾手可得的純真美味。他用轉移悲傷的情緒與時間，調製出了難得的好味道，但那一口味道卻讓人百感交集。

有次到店裡時，林媽媽還在外上烘焙課，林清貴說上烘焙課不是為了增加餐點，因為烘焙課程教授的糕點，多半加了化學添加物，他並不想做這樣的食物，因此，參與烘焙課是要鼓勵在抑鬱中生活的太太，多跟其他人接觸。他們都在為人生找出路，林先生的災後心路歷程，也非常人可以體會。這是一間失去兒子的父母，為圓兒子的心願而開設的店。實現恆志的夢想，就像讓恆志繼續陪伴著他們。

有次我去帶了兩個戚風蛋糕，老闆幫我拼了香蕉、紅茶、乳酪、百香果等四種口味，形狀或許不見完美，但這拼湊出的圓，就像是恆志父母親過去一年來走過的路，盡力讓災後的人生，完整。

好呷ㄟ所在

恆志的店

臺南市永康區國光五街34號

煮義大利麵的兩種方法
is 義大利麵

十五年前，剛在臺南購屋，始有落腳之處，樓下有間頗具風格的義大利麵店，定期更換畫作，宛如展場。約莫一、兩年後，小店打烊，當時只覺得可惜了。

這間名為「is」的義大利麵餐廳，後來轉進成大商圈，新址位在大學路旁的小巷內，經常去吃，滋味與過往相近，只是未曾與老闆打照面。當年那些牆上掛著的畫作，到底是什麼一回事？也就未曾釐清。

後來，因緣際會，終於跟老闆打了照面，不僅解了當年之謎，更聽到一段比食物更精采的故事，關於那些畫，以及那些畫的作者兼老闆——游順得。

阿得當年開的餐廳，是人生創業初體驗，但他所學跟烹飪無

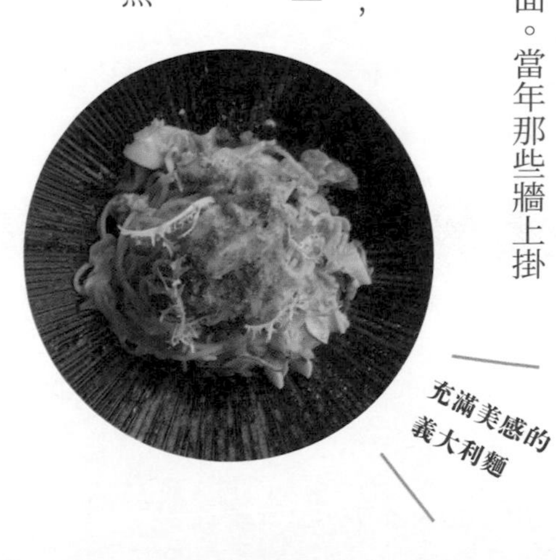

充滿美感的
義大利麵

關。他的人生有二十年時間是位服務於臺南機場、維修飛機的軍人，修過IDF與F5E等型號的飛機引擎，還曾獲得「空軍後勤楷模」的榮譽。

而畫畫呢？那是他小學以來就被看見的能力。老師曾勸父親讓他學畫，父親覺得學畫畫沒前途而反對。國中畢業後，因為家裡環境不好，因此到高雄岡山讀空軍機械學校，畢業後分派到臺南基地服役。

他的美術能力被肯定，部隊裡的壁畫等美工工作經常由他包辦，長官給了他進修的空間，讓他從長榮中學美工科開始就讀，再到臺南大學與臺南藝術大學就讀美術相關系所。

阿得還沒退伍，就開始教人畫畫，但大多數的日子，都還是要面對部隊裡，以服從命令為原則的生活。他的工作是修飛機，那是個嚴謹到每個動作都有標準作業程序的工作，這樣的工作怎會是藝術家喜歡的呢？

阿得說，他在等待取得領取終身俸的資格。服役滿二十年的當天——一九九八年八月六日——馬上退伍，追求自己的生活。他原本想跟朋友合夥開餐廳，朋友卻半途退出，他只能硬著頭皮讓店開幕。只不過，會畫畫、會修飛機的阿得卻不會做菜。

獨撐大局的阿得，開店之初，被請來的師傅修理得很慘。有求於人的阿得曾經非常痛苦，但只能咬牙吞下，一步一步自學廚藝，局面才慢慢穩定下來。

阿得的餐廳就在成大附近，面對年輕學生，菜色要有變化，一本菜單，少說七、八十樣的燉飯、義大利麵等，還不時要開發新菜色，才能因應市場的競爭。

餐廳的牆上依舊掛著畫，多數跟醫病題材有關，創作者大多是阿得的學生，也多半是成大的醫生。通往地下室的樓梯旁，擺放了製作麵包的各種進口麵粉，但地下室的功能卻是阿得教畫的畫室。

阿得，是一位當了二十年的職業軍人，但依舊不斷創作的人。他們夫妻是在聯誼中認識，她欣賞阿得的才華，一路支持，阿得說起這段歷程，覺得太太的支持最重要。

我在阿得的餐廳吃飯，喜好一道前菜，那是由宜蘭胭脂蝦，加上一點帶著蟹膏的蟹肉，佐以臺南的芒果與酪梨碎丁，映襯帶著胭脂紅的半透明蝦肉，配色極好，而酸甜果香也引出蝦本身的鮮味，我經常為此專程前來。我曾誇讚這道菜像是一張美麗的油畫，靦腆的阿得，始終帶著內斂的笑容。

阿得是個重視味道也照顧視覺的廚師。店裡的義大利麵，都用美麗的盤子盛裝，這些盤子有一部分來自旅行日本時帶回。他認為一碗麵，要能好吃好看，食器很重要。

我好奇一九七一年次的阿得，二十年軍旅生活，除了一心想退伍，難道沒有一點收穫嗎？

阿得說，有！

餐廳能夠持續經營，廚房很重要，度過最初廚

藝尚不精熟的階段，阿得借用修引擎的標準化方法，開始為每道菜的製作制定標準作業程序，以此維持口味的穩定。因為之前的軍中經驗，阿得的餐廳才站穩腳步。

當你認真過日子，人生學會的每件事，會在你需要的時候，派上用場。is 義大利麵，就是軍人阿得與藝術家阿得的協力之作。

好呷乀所在

is 義大利麵

臺南市東區大學路22 巷 2 號

B級心情

金華路蘇家鍋燒意麵

在薪水調升始終跟不上物價上漲的時代，享用美食，一定要懂得挖掘B級美食。B級美食，一般來說是知名度低、價格便宜的巷弄飲食之代名詞，以臺南來說，牛肉湯與虱目魚湯等，原本應該也算是B級美食之流，只是近年來，由於名聲大噪，身價也跟著不凡，要說是B級美食，也有點說不過去了。

在我的認知中，有種食物在臺南隨處可見，售價便宜，常夾在一堆食物中，從未成為真正主角，那便是鍋燒意麵。在來到臺南之前，鍋燒意麵是我避而遠之的食物。油炸過的意麵、味素調製的湯頭，加上一堆加工食品，就算加上一顆蛋，依舊救不了這碗麵。然而，偏偏讀書時，學校周遭，一定都有店家賣鍋燒意麵，偶而一試就被傷害一次，最後也對鍋燒意麵產生絕望，直到來了臺南，才重新建立起對鍋燒意麵的信任感。

之所以改觀，是因為鍋燒意麵的配料，改變了我的陳見。無論是

一碗推翻我過去飲食經驗的鍋燒意麵

醇涎坊鍋燒意麵、水仙宮市場內鍋燒意麵、赤崁樓旁鍋燒意麵，這些店家的碗裡，都有著沾著麵衣的新鮮炸魚片與火燒蝦。光是用這些配料取代那些奇形怪狀的什麼丸什麼棒，就讓人覺得這碗麵得以重生。

我常去的店裡，就屬金華路的蘇家鍋燒意麵最合我味口。位在神農街與金華路口附近的蘇家鍋燒意麵，按理說，附近遊客眾多，此店應該名聲大響的。不過由於蘇家麵店，實在太不起眼，加上隔鄰有著許多人氣店，以至於那塊小店招完全發揮不起作用，被輕易錯過是極為正常的事。這家不到十坪的小店，已經經營了四十幾年，食客只能就著亭仔腳下的四張小桌子用餐。他們的顧客常客居多，我看過騎著野狼一二五而來的客人，只說了「一樣」兩字，過一下子，食物就送來了。

蘇家之所以成為我吃鍋燒意麵的首選，是因那碗麵實在太吊人味口。麵體是用一般意麵薄炸，老闆娘跟我說，一般鍋燒意麵的麵體蓬鬆，其實都要當心是否加了其他添加物，因為一般薄細的意麵，是無法炸成那樣麵體盛開的形狀。其他的配料，包括了炸旗魚塊、蒸製虱目魚丸、火燒蝦，只是最近幾年，火燒蝦貨源供應不穩，已經用白蝦取代，加上費工切得細碎而新鮮的小白菜。當然，始終不缺一顆半熟的蛋。換言之，蘇家鍋燒意麵，幾乎只有那顆蛋是我熟悉的，其他都用了親手加工或者用料豐厚的食材給取代了，那是一碗推翻我過去經驗值的鍋燒意麵。

對於食物的品味，必須存有刻板印象，如此才能牢記美味。反之亦

然，蘇家的鍋燒意麵從麵到配料，都大幅超越我的經驗值，以至於我第一次品嘗時，喝了第一口湯，我便馬上笑了出來。

這碗不俗的鍋燒意麵，售價六十元。光是那口黃褐色的柴魚高湯就讓人心儀。一般來說鍋燒意麵店家，都以柴魚高湯為主，便宜行事者就用化學製品柴魚粉，這個味道妳我一定熟悉。學校附近的鍋燒意麵店，湯頭多半來自柴魚粉；略為用心者則是用削得極薄的柴魚片，但這種柴魚不耐煮，味道出來得快，但進了喉頭的回味卻容易帶點酸味。蘇家選了價格較高、不帶暗色血塊的厚片柴魚，湯色澄靜不帶雜質，入口後帶著一點甘醇的餘韻。我通常會點著一小碟滷透而不滷爛的豬小腸，三十元一盤，比之日本居酒屋類似的雜煮，價廉物更美。

但我始終困擾，因為蘇家鍋燒意麵，開店時間不定，常令食客撲空。五十幾歲的老闆娘說，有時實在太累，必須休息。蘇家鍋燒意麵通常大約在傍晚五點左右開始營業，一直到深夜十二點，隔天一早就要起床，張羅鍋燒意麵所需的材料，以及苦瓜排骨湯、肉燥飯、雞肉飯等十數樣食物的原料。她用的虱目魚丸一斤超過一百元，炸旗魚則從切成條狀裹漿油炸都是自己處理，每樣事都耗成本又費工。她曾經跟我苦笑哀嘆著，非常累，很不想做了，旁邊原本低頭吃麵的顧客，突然抬起頭說：「不行」。

行走吃食於府城，要能找到B級美食，才算是真高手，也才能看到臺南人真正的日常生活。如果，有機會你也來到蘇家鍋燒意麵，或許試著體會這些販售著廉價小物的老闆心中的B級心情，便能嘗到那碗鍋燒意麵的另一種滋味。

好呷ㄟ所在

金華路蘇家鍋燒意麵

已歇業

做個好客人

居酒屋里

我家附近有間居酒屋，其名為「里」，經營者是一對臺日聯姻的夫妻，男老闆出身日本靜岡，坐鎮吧檯，女老闆則是海尾吳姓大姐。

店中提供了許多和洋式家庭料理，許多在臺南工作的日本人經常來此吃飯喝酒，食物的味道是未能返家的異鄉人，代償思鄉心情的最好慰藉。高鐵與南科興工時，聽說八點之後，這間只有五、六張桌子的小店，都是日本人居多。十幾年來，來去於店裡的日本人很多。

最初幾年，我對於離開故鄉來臺生活的老闆感到興趣。為了店裡的生意，老闆即使不得不回日本處理要事，竟然也只以待個兩日便返。有時得空，老闆常常一人安靜坐在吧檯後方，我想應該也是在等八點之後陸續進店的那些日本熟客吧。

有一回，店裡客人不多，他們招待我一份下酒菜——味噌小黃瓜，一端上桌，登時有感。我通常不會點這道菜，原因是一般店家選用的味噌不對，以至於味道總是偏於死鹹，味噌小黃瓜只能用加了麥粒發酵的金山寺味噌才對味。說到這裡，也許有讀者已經聯想到，金山寺味噌的重要產地之一，就是老闆的故鄉靜岡。

用了金山寺味噌小黃瓜中，藏著道地的故鄉味，於是食物的選擇，是有歸屬感的。居酒屋里是因女老闆回到故鄉而得名，但卻也是棲居於臺南的日本人之歸屬，某種程度成為短暫代償的故鄉。

居酒屋里走的是日本居家料理的路數，雖然平易近人，但也風格分明。麴種水醃黃瓜與蘿蔔，脆口鹹味少糖，就是你在日本會吃到的那種味道。烤喜相逢，不是佐上胡椒鹽，而是在日本很普遍的Q比美乃滋。事實上，老闆應該只是做他習慣的味道。

這間店，我是資歷近十五年的客人。東西好吃的店，我可以忍受環境不好、老闆不好……一切的不好，我都可以接受，只要食物好吃。里，是一家評價兩極的店，幾乎所有人都公認食物好吃，也幾乎所有人都說女老闆脾氣不好。我總是知道該如何自保，安靜、開心、自足地吃飯喝酒，女老闆的脾氣自然從來不曾發在我身上。

事實上，吳大姐對我很好，店裡自製的鹽辛花枝，總會分我一些，從日本買回來的漬山葵，也不忘跟我分享。每次去吃飯，總是被招待一兩道菜，我甚至跟她在廚房掌廚的女兒，或者有時在外場幫忙的孫女都很熟。

有些人在里吃飯，常遭大姐勸誡：「可不可以坐進去一點！」因為客人半躺坐著看手機，椅子就會擋住通道。「可不可以坐過去一點！」因為客人如同坐在家裡的沙發，一個人坐了兩個人的位置。

對於放任小孩放在店裡跑來跑去，還直呼可愛的客人，得一邊端菜一邊注意小孩的老闆，最為無奈。我們聊天時，她們母女倆總是說：「餐廳不是讓小孩自由跑動的地方。」

我遇過最好笑的，是又愛吃又怕被罵的客人，跟老闆娘一直說：「妳不要生氣。」原本平心靜氣的老闆娘覺得莫名其妙，客人偏偏一直如此說，最後客人果真成功激怒大姐！

還有客人一進來就問：「我趕時間，什麼食物最快？」女大廚差點說出「不要吃最快！」結果幫客人迅速做了菜，客人卻走到外面講電話，一、二十分鐘才又進來。大姐也說，有些客人看見男老闆在櫃檯，但總是走向坐在一旁的大姐要她結帳。這是刻板印象，認為女性一定得要扮演結帳角色，對此，大姐總說：「莫名其妙！」

聽她們抱怨客人，應該是我飽餐後，最大的娛樂。她們的話，提醒我們餐廳與客人的關係。我們常說客人最大，但不能分辨公私界限的奧客也一堆。我們總是期待吃到好東西，但接待我們的餐廳，是否也同樣對客人有所期許呢？

居酒屋里的用餐經驗，我曾自我警肅，難以自處，一旦理解了店裡的規矩，協商出平衡，我便能得以安然自處。做個好客人，也是回應好餐廳的必要自覺。

好呷ㄟ所在

里定食居酒屋

臺南市東區衛國街 56 號

課後的肉丸

福記肉圓

連上三堂課的下午，放學後感覺快要累癱，通常都是臺南點心拯救我。

我很常在孔廟對面的福記肉圓，坐在路旁的桌子，望向對面的一片綠意，然後，吃肉圓，一份兩顆。

不知道為什麼，我吃福記肉圓，很像哆啦A夢吃到銅鑼燒，很開心。漫畫裡，哆啦A夢的所有不愉快，一個銅鑼燒就能解決，如果還是不能解決，那就再吃一個。福記肉圓之於我，大概也是如此的感覺。

福記肉圓是蒸的肉圓，彰化的朋友，不要再攻擊它了。對，你可以說它外皮軟糯，但絕對不是軟爛似鼻涕（這個說法讓人很憤怒！）。如果食物有個性，福記肉圓可以說是宜人友善，我幾乎不用太費力氣，就可以讓我那張話說太多已經無力的嘴，輕易地吃下。

福記肉圓觀其形，有點軟趴趴的，讓人心生同情，這樣躺平在我面前的食物，就讓我想起孫大川老師的名言：「在哪裡跌倒，就在哪裡躺好。」這是重要的人生哲學，在身心無力之時，就定位躺好，是年屆五十的自己，開始相信的事。每次看見福記肉圓，都有一種，好吧，那就來學你吧！

和著蒜泥的甜辣醬汁裹附於外皮，一口咬下那顆肉圓，好像能啟動我的能量。繼之，包裹於內的後腿肉丁現身，我竟然就被那紮實的口感給振奮了。然後，那一小碗免費清甜的大骨湯，根本就是舒暢快活的關鍵一擊啊！

我試過好幾次，精神大好時去吃福記肉圓，竟沒有類似感覺。

所以我一直認為食物的口感與滋味，跟人們的感官體驗與心情變化，應該都有關係。正如品嘗臺南點心，不只味覺得到滿足，更撫慰全部的身心靈。

(不妙的是，我現在餓了！)

好呷乀所在

福記肉圓

臺南市中西區府前路一段215號

垂涎新版

府城一味

時間煮字，情感入味，
一起來臺南吃飯

謝仕淵 著

府城一味：時間煮字，情感入味，一起來臺南吃飯 / 謝仕淵著. -- 二版. -- 臺北市：蔚藍文化出版股份有限公司，2023.10
面； 公分
垂涎新版
ISBN 978-626-7275-17-7(平裝)

1.CST: 飲食 2.CST: 文集 3.CST: 臺南市

427.07 112015650

作者　謝仕淵
攝影　郭倍宏、謝仕淵、林酷、陳旭志
社長　林宜澐
總編輯　廖志墭
主編　林佳誼
編輯協力　林韋聿、宋元馨、潘翰德、雷子萱
插畫　薛慧瑩
書籍設計　蔡佳倫

出版　蔚藍文化出版股份有限公司
地址　臺北市信義區基隆路一段176號5樓之1
電話　02-2243-1897
臉書　www.facebook.com/AZUREPUBLIS
讀者服務信箱　azurebks@gmail.com

總經銷　大和書報圖書股份有限公司
地址　新北市新莊區五工五路2號
電話　02-8990-2588

法律顧問　眾律國際法律事務所
著作權律師　范國華律師
電話　02-2759-5585
網站　www.zoomlaw.net

印刷　世和印製企業有限公司
定價　新臺幣450元
ISBN　978-626-7275-17-7
二版一刷　2023年10月
二版二刷　2024年8月

版權所有・翻印必究　本書若有缺頁、破損、裝訂錯誤，請寄回更換。

照片說明：p.10、p.11、p.15、p.17、p.18、p.22、p.23、p.26、p.29、p.30、p.34、p.35、p.37、p.38、p.41、p.42、p.43、p.44、p.47、p.52、p.53、p.55、p.60、p.65（下）、p.90、p.95、p.98、p.101、p.102、p.106、p.111、p.113、p.114、p.118、p.119、p.121、p.123、p.125、p.158、p.163、p.164、p.165、p.166、p.176、p.177、p.181、p.182、p.184、p.186、p.187、p.195、p.197、p.199、p.200、p.201、p.203、p.205、p.206、p.207、p.218、p.219、p.220、p.221、p.222、p.223、p.224、p.226、p.227、p.229、p.231、p.233、p.234、p.235、p.237、p.238、p.240、p.243、p.244、p.245、p.249、p.250、p.257、p.258、p.259、p.263、p.264、p.274、p.275、p.276、p.277、p.279為郭倍宏拍攝；p.61、p.65（上）、p.76、p.77、p.78、p.80、p.81、p.82、p.83、p.84、p.86、p.128、p.129、p.130、p.132、p.134、p.194、p.210、p.211、p.215、p.266、p.267、p.268、p.269、p.270、p.272、p.273為林酷拍攝；p.68、p.69、p.71、p.72、p.75、p.120為陳旭志拍攝；其餘照片為作者提供。